国家科技重大专项“水体污染控制与治理”项目
“辽河保护区水生态建设综合示范”课题之第四子课题
“水体污染控制与治理科技重大专项（2012ZX07202-004-04）”资助

辽河干流

输沙环境与泥沙运行规律研究

范昊明　王铁良　刘立权　党中印　著

中国农业科学技术出版社

图书在版编目（CIP）数据

辽河干流输沙环境与泥沙运行规律研究/范昊明等著．—北京：中国农业科学技术出版社，2013．5
ISBN 978-7-5116-1274-8

Ⅰ．①辽…　Ⅱ．①范…　Ⅲ．①辽河－泥沙运动－研究　Ⅳ．①TV152

中国版本图书馆 CIP 数据核字（2013）第 085720 号

责任编辑　崔改泵　白姗姗
责任校对　贾晓红

出 版 者　中国农业科学技术出版社
　　　　　北京市中关村南大街 12 号　邮编：100081
电　　话　（010）82109194（编辑室）（010）82109702（发行部）
　　　　　（010）82109709（读者服务部）
传　　真　（010）82106650
网　　址　http://www.castp.cn
经 销 者　各地新华书店
印 刷 者　北京富泰印刷有限责任公司
开　　本　787 mm×1 092 mm　1/16
印　　张　10.25
字　　数　243 千字
版　　次　2013 年 6 月第 1 版　　2013 年 6 月第 1 次印刷
定　　价　38.00 元

前言

FOREWORD

辽河流域有其独特的自然与人文环境特点。目前，辽河干流水资源紧缺与河道泥沙沉积问题同时存在，已经严重威胁了该区工农业生产的可持续发展。然而，目前对辽河干流水沙关系、风水两相泥沙输移规律、输沙水量规律等研究较少，理论基础的缺乏严重制约了该区水资源管理、河流生态环境修复等工作科学、有效地进行。鉴于此，本文将研究区定位于辽河干流，并将对上述提及的问题进行系统分析。

为了明确辽河干流泥沙在风水两相作用下的输移特点，回答如何应用最少的水量，输送尽可能多的泥沙入海，以解决辽河干流泥沙研究中许多富有争议的问题，探索适合于辽河干流输沙水量与生态修复研究的新思路，寻找现有辽河干流风、水、沙关系研究中存在的主要不足的解决途径，本研究在风、水、沙关系计算框架下，深入分析了辽河干流输沙水量、滩地泥沙风蚀起动等问题。首先通过对辽河流域自然地理与人文环境的深入分析认为，该流域在水资源匮乏的同时却产生了大量泥沙，由于辽河干流特殊的水沙关系，使大量泥沙沉积于干流河道，造成了严重的洪灾隐患和生态环境等问题。本研究分析了辽河干流河道发展的历史与近期变化情况，并对其未来一定时期内的发展趋势进行了探讨。对水沙特征的分析发现，辽河流域具有“东水西沙”的水沙地域分布特点。同时，指出了辽河干流径流与泥沙年际变化大、年内分布不匀、径流年内分布集中、泥沙则集中程度更高的特点。对辽河干流不同河段泥沙颗粒进行了分析，明确了不同河段泥沙颗粒级配分布特征及不同时期泥沙颗粒级配变化特点，揭示了辽河干流泥沙颗粒在时间与空间上变化的基本规律，并反映出了不同河段与时期水沙关系特征。辽河干流沉积了大量泥沙，通过滩地沉积泥沙风蚀起动模拟试验研究，找出了滩地泥沙风蚀起动的几个主要临界点，建立起风蚀量与泥沙粒径、风速、泥沙含水率之间的相关关系。应用含沙量法、河道水沙资料法、净水量法和能量法四种方法对辽河干流输沙水量从不同角度进行了分析与计算。对不同粒径泥沙在辽河干流不同河段的输移与沉积进行了分析，对不同粒径泥沙输沙用水提出了指导性意见。本研究在对流域环境、水沙关系及输沙水量研究的基础上，提出了应充分利用冬三月水量输沙，充分利用平滩流量输沙并创造平滩流量发生条件，充分利用不同粒径泥沙进行输沙用水调控，以及通过水库等水利枢纽工程进行全流域水量综合调配，从而实现水资源高效利用的目的。

本研究的主要创新性研究思路在于在输沙水量的框架下进行辽河干流四种计算方法的比较研究，避免了对输沙水量计算过程中的片面性理解，对水沙过程的揭示更为直观，也更为全面、深刻。以往有关输沙水量研究中基本都是考虑全沙输沙需水量问题，很少考虑到不同粒径泥沙输沙需水量不同问题，本研究以不同粒径泥沙输移需水量研究为核心，在研究思路与内容上具有很好的创新价值。另外，对辽河干流风、水两大作用营力与泥沙输移关系的综合分析，将该区域泥沙研究引入了一个新的思考领域，对该区泥沙灾害防治将更具指导意义。

本书的研究内容是在国家科技重大专项“水体污染控制与治理”项目，“辽河保护区水生态建设综合示范”课题之第四子课题，“水体污染控制与治理科技重大专项（2012ZX07202－004－04）”的资助下完成的，在此表示感谢！

在本研究的完成过程中，辽宁省辽河保护区管理局、辽宁省水利厅水文水资源管理局在数据资料提供、野外调查与试验等方面给予了大力支持，在此一并致谢！

参加本书编写和相关研究的主要人员还有沈阳农业大学水利学院陈杨、邓宝玉、李春生、苏芳莉、齐非非、王连宵、顾广贺、刘爽、邱壁迎等，对他们的辛苦工作同样表示感谢！

编著者

2013 年 4 月

目录
CONTENTS

1 引 言

1.1 研究依据

1.1.1 河流水沙研究意义

水土资源是人类生存和发展的重要物质基础，是进行农业生产的基本条件。大量的水土流失已经成为不可忽视的全球性生态问题。全球土壤侵蚀面积约2 500 × 10^4km^2，占陆地总面积的16.8%，约有1/4 ~ 1/3的耕地表土层侵蚀严重，每年约有600 × 10^8t肥沃表土被冲刷流失，地表侵蚀掉的大量土壤或泥沙，经过河流挟带，除了一部分淤积在水库、湖泊、河道和两岸的洼地外，大部分被输送到海洋，入海泥沙每年约170 × 10^8t（钱宁，1980）。全球多年平均输沙量大于1 × 10^8t的河流有25条，中国就有9条。中国多年平均输沙量大于1 000 × 10^4t的河流有115条，其中，黄河流域54条，长江流域18条，海河流域10条，辽河流域8条，其他河流25条。一般来说，针对我国河流的特性，可将河流按含沙量大小相对地划分为几个类型：将平均含沙量超过5kg/m^{3}的河流称为高含沙量河流（多沙河流），如黄河、海河；将平均含沙量在1.5 ~ 5kg/m^{3}的称为大含沙量河流（次多沙河流），如辽河、汉江；将平均含沙量在0.4 ~ 1.5kg/m^{3}的称为中度含沙量河流（中沙河流），如长江、松花江。

我国平均每年进入江河的泥沙约35 × 10^8t，其中，21 × 10^8t输入海洋，有12 × 10^8t的泥沙在水库、河道、湖泊及灌区中淤积。黄河由于泥沙淤积已成为地上悬河，每年输沙16.1 × 10^8t，有7 × 10^8t淤积在水库、河道和灌区中。黄河平均每年引黄灌溉引走泥沙约1.1 × 10^8t，三门峡下河道淤积2.6 × 10^8t，三门峡水库1960年蓄水以来淤积泥沙已有60 × 10^8t。海河的泥沙主要在上游，支流永定河（官厅）年输沙量0.8 × 10^8t，年平均含沙量为49.2kg/m^3（高于黄河）、最大含沙量436kg/m^3。辽河年输沙量0.1 × 10^8t，年平均含沙量为3.32kg/m^3，支流柳河是全国有名的多沙河流，最大含沙量1 500kg/m^3。由此可见，我国河流普遍存在含沙量偏高的情况，由于近些年经济的快速发展，对水资源的过度运用，忽视水土保持，使得部分主要河流的含沙量有逐年增高的趋势，造成水少沙多以及水沙不平衡，导致其下游河道淤积严重。由于河流的泥沙淤积，使下游河床不断抬高，两岸堤防不断被迫加高，甚至高出地面达十几米，防洪形势严峻，严重威胁着两岸人民的生命财产安全。同时，泥沙淤积也直接威胁着水库综合效益的发挥，对社会经济的发展产生着深远的影响，主要表现如下。

（1）有效库容被泥沙淤积侵占，减少了水库寿命，严重影响水库的调节能力

泥沙淤积使水库有效库容不断减少，兴利效益逐年下降，使得水库防洪、发电、灌溉和供水等兴利指标不能实现，甚至导致水库淤满报废或溃坝失事。我国多数发生的溃坝失事事件，其中一个重要原因就在于坝前淤积面几乎与溢洪道齐平，水库基本上失去了调洪能力，使得洪水漫顶溃坝，从而导致了严重灾害的发生。

（2）抬高坝上游河床和水库周围的地下水位，扩大水库淹（浸）没影响

受水库蓄水的影响，水流进入库区后，所带泥沙在水库回水末端淤积并逐步向上游发展，形成库区尾水位的“翘尾巴”现象。“翘尾巴”不仅使上游河道的防洪能力降低，通航条件恶化，还会引起水库周围地下水位抬高，使得两岸农田淹没、浸渍或盐碱化，影响当地的农业生产，威胁城镇、厂矿和道路交通的安全。

（3）影响枢纽建筑物的正常运用

闸孔附近泥沙的淤积，增加了泄水孔口闸门的荷载。在汛期泄洪时，淤沙会造成闸门超载无法开启，产生严重后果。所以，多沙河流上的水库，通常采用间歇提闸放水排沙，能减少闸前的泥沙淤积。泥沙的淤积还会增加坝体的荷载危及坝体的稳定和安全。

（4）坝下游河道发生新的变化调整

水库修建后，改变了下游河道原有的水沙条件。水库运用初期，清水下泄，冲刷下游河道，冲淘引水口、桥梁和防洪工程的基础；当水库排沙时，又使下游回淤，影响河流比降及河道行洪能力，使下游河道发生剧烈的变化，给河道整治及两岸引水工作带来许多新问题。如三门峡水库建成初期下游河道发生冲刷，造成滩地的大量坍塌并使险情增加，三门峡水库在改变运用方式为“蓄清排浑”后，常因水库泄流能力不足而发生滞洪淤积，出库浑水常发生“大水带小沙，小水带大沙”的不协调局面，造成下游河槽的淤积，对防洪极为不利。

（5）污染水质

泥沙是有机和无机污染物的载体，沉积在库区的泥沙对水质的影响很大。如官厅水库中水含有的汞、酚及砷等有毒物质较高，曾造成库区渔业减产。

除上述泥沙淤积问题之外，还存在着水电站进口泥沙问题以及出库泥沙利用问题等。实践表明，对这些泥沙问题如不认真地加以解决，必将对人民生命财产产生极大威胁。因此，为了解决多沙河流的泥沙淤积带来的各种问题，开展流域侵蚀产沙、泥沙输移规律和输沙水量等的研究，既有实际意义，又有理论价值，同时也为流域侵蚀产沙预报提供了理论基础。

1.1.2 辽河干流水、沙研究意义

辽河是中国七大江河之一，位于东北地区的西南部，发源于河北省承德市平泉县燕山山脉北侧七老图山的光头山北麓，始称老哈河，在内蒙古自治区（以下称内蒙古）哲里木盟苏家铺纳入西拉木伦河后称西辽河。东辽河发源于吉林省辽源市哈达岭的隆哈岭。东西辽河于辽宁省昌图县的福德店汇合后称辽河（即辽河干流）。辽河从老哈河源头起到盘山县入海口河流全长 1 394km，流域面积 $21.96\times10^{4}km^{2}$，其中，西辽河为

$13.62\times10^4km^2$，除少部分在河北省境内外，绝大部分在内蒙古境内。东辽河面积为$1.14\times10^4km^2$，均在吉林省境内。辽河中下游为$7.20\times10^4km^2$，均在辽宁省境内。辽河流域位于东经116°54′～125°32′，北纬40°30′～45°17′，东与松花江、鸭绿江流域为邻。西接大兴安岭南端，并与内蒙古高原的大、小鸡林河及公吉尔河流域相邻。南以七老图山、努鲁儿虎山及医巫闾山与滦河、大小凌河流域为界，滨邻渤海。北以松辽分水岭与松花江流域相接，地跨河北、内蒙古、吉林和辽宁四省（区）（张小光等，2011）。

上源老哈河地势西高东低，波状倾斜，河网发育，河道比降较大，植被覆盖稀疏，水土流失严重。老哈河与西拉木伦河在海流图相汇后称西辽河。东辽河为辽河干流上游区东侧的大支流，发源于吉林省东辽县的萨哈岭五座庙福安屯附近。西辽河在福德店与东辽河汇合后称辽河。继续南流，分别纳入左侧支流招苏台河、清河、柴河、汎河和右侧支流秀水河、养息牧河、柳河等。

随着社会经济的快速发展，辽河流域的水资源短缺，水环境污染和地下水超采等问题更加突出，目前已经成为制约该区域社会经济可持续发展的重要因素，也已经成为制约流域经济社会发展的瓶颈问题。

辽河流域地表水资源量年际变化很大，最大年与最小年地表水资源量比值，西辽河、东辽河在20倍以上，辽河干流极值比一般在10～20倍，地表水资源量年内分配也极不均衡，汛期6～9月地表水资源量约占全年的60%～80%，其中，7月、8月又占全年的50%～60%。辽河流域水资源较为缺乏，且由于水资源时空分布不均、水污染严重、用水效益偏低、局部地区地下水超采、少数地区还存在严重的用水浪费现象，而以流域为基础的水资源管理体系又尚未形成，这些因素的共同作用造成了目前辽河流域水资源短缺、水环境和水生态不良的局面。随着人口增长、经济社会发展和人民生活水平的提高，全社会对水资源的需求也将越来越高，辽河流域将面临着十分严峻的水资源问题（党连文，2011）。

水资源短缺的同时，辽河流域土地沙化严重，西辽河沙地面积50年间已从$1\,921km^2$增加到$3\,619km^2$。沙地面积的扩大，也造成了水土流失的加剧。如今辽河流域有近一半的土地面积水土流失严重，西辽河、柳河流域尤为严重。严重的水土流失，造成下游水库库容逐年减少，河道逐年淤高展宽（党连文，2011）。

辽河流域泥沙多，淤积下游河道，甚至造成部分河段形成地上悬河，成为东北地区的重大隐患。河道输送泥沙需要消耗大量水源，制约着水资源的开发利用程度。而国民经济发展，既要求下游河道不产生过量泥沙淤积，也要求提高水资源开发利用程度。为此，需要研究出既能控制住辽河干流泥沙不持续淤高，又能减少输沙用水的策略。但目前对辽河干流输沙用水问题研究甚少，严重地制约了辽河干流水资源高效开发利用与泥沙治理问题科学解决策略的制定。相关问题的解决将有利于我们理解辽河干流如何在河流自身调整作用下呈现出“多沙多排”的输沙特性，有利于我们进一步认识辽河干流的输沙能力，从而为估算其最小输沙水量、节约其宝贵的水资源提供依据。因此，如何充分利用辽河有限的水资源，既最大限度地满足用水需求，又使下游河道淤积的状况有所改善，始终是辽河开发治理中的一个重要问题，也是恢复辽河干流河道生态与行洪功能的关键问题，因此，辽河干流河道输沙水量研究具有重要的理论与实际意义。

1.1.3 辽河干流风、水、沙研究意义

地表环境系统的演变主要受水、土、气、生这四大因子相互作用、相互制约的影响，在其相互作用过程中包括了众多复杂的过程，其中，流水、风与泥沙过程是地表环境系统演变过程中的三大主要过程。这三大过程中流水与泥沙、风与泥沙两两密切相联系而又相互影响，是地表环境系统演变过程中最明显也是最敏感的过程。无疑它们对地表环境系统的演变或者说对地表环境系统的生态过程有着直接和重要的作用。有关径流与泥沙相互作用过程，以及风与泥沙相互作用过程的研究在国内外均有较为深入的探索，其研究成果对于认识区域环境系统演变过程、制定区域环境可持续发展计划等均具有重要的意义。然而，更为复杂的问题是，在一些半干旱、半湿润地区集水流域内，以及多沙河流下游沉积滩地上，除了流水与泥沙、风与泥沙两两相互作用外，也有流水、风、泥沙三者交互作用的更为复杂的过程。这一复杂的侵蚀过程称为风水两相复合侵蚀，是一个相互联系又相互影响的系统，是风水两相对同一侵蚀物的共同作用或交替作用，实质是水力侵蚀营力对风力侵蚀营力（或者风力侵蚀营力对水力侵蚀营力）所形成的侵蚀形态的再侵蚀过程，即水力侵蚀所形成的侵蚀物又发生风力侵蚀或风力侵蚀所形成的侵蚀物又发生水力侵蚀。这种侵蚀形式不同于单独的水力侵蚀和风力侵蚀形式，所造成的危害远远高于单独水力侵蚀与风力侵蚀。辽河流域就是这样的典型流域之一（其中，表现最为显著的为辽河流域内的西辽河流域、柳河流域以及辽河干流滩地）。在该流域内，风蚀与水蚀相互交织在一起，泥沙输移过程更为复杂。科尔沁沙地主体几乎全部位于辽河流域内，沙地产生的风蚀泥沙的输移多发生于冬、春季节，这一时期产生的风蚀泥沙落入辽河流域集水坡面与河道，在夏秋季节又随水流输移运行。部分随水输移泥沙于下游河道沉积后，在冬、春季节又从河道随风扩散，形成风蚀、水蚀交错进行的复杂侵蚀与泥沙输移方式。

辽河河道沉积泥沙在冬、春季节成为风蚀泥沙的重要沙源。面对不断发生的泥沙灾害，尽管每年投入大量的泥沙灾害防治工程，但并没有从根本上避免灾害的发生。因此，只有在重视泥沙灾害防治工程建设的同时，加强泥沙灾害致灾机理研究，才能更为深入地认识泥沙的产生与致灾原因，从而更为科学地、有针对性地制定防治措施，以有效减轻泥沙灾害造成的损失。

本研究以辽河流域风、流水、泥沙的交互作用为研究对象，探索三者之间的交互作用过程，重点研究流域中下游河道沉积泥沙在冬、春季节大风条件下的河道起沙规律，对于认识辽河流域特殊的泥沙输移过程与泥沙预报，以及相似条件其他区域风、流水、泥沙之间的复杂过程与泥沙预报具有重要的科学意义。同时，更能够为辽河流域和其他相似区域有效的泥沙治理措施及泥沙治理规划的制定奠定扎实的科学基础。

1.2 研究内容与方法

1.2.1 研究内容

1.2.1.1 辽河干流环境特征研究

通过对辽河干流地貌、地质、气候、水利工程建设、人文环境特征、水资源污染特征、主要支流多年来水来沙特征等研究，阐明辽河干流水资源总量、径流、泥沙的总体影响环境，为辽河干流水资源特征、不同粒径泥沙研究、滩地沉积泥沙风蚀起动研究、输沙水量研究等奠定基础。

1.2.1.2 辽河干流地表水资源与泥沙特征研究

应用辽河干流及主要支流水文站地表径流等观测数据，研究辽河干流径流特征、泥沙特征、径流与泥沙关系特征等。阐明辽河干流在不同年份、季度、月份，及特殊降水洪峰条件下地表水资源特征，地表径流与泥沙关系特征，为水沙关系研究、滩地沉积泥沙风蚀起动研究、输沙水量研究等奠定基础。

1.2.1.3 辽河干流不同粒径泥沙研究

应用辽河干流主要水文站泥沙观测、滩地沉积泥沙颗粒观测资料，对辽河干流不同河段悬移质泥沙分别为 0.007、0.01、0.025、0.05、0.1、0.25、0.5、1.0、2.0、5.0mm 粒径，及不同河段悬移质泥沙中数直径、平均粒径等按年代、年、季度等特征进行分析研究。对滩地沉积泥沙粒径进行研究、对推移质泥沙进行分析计算。阐明辽河干流不同粒径泥沙在干流不同河段、不同时间的分布规律，为滩地沉积泥沙风蚀起动，干流输沙水量研究奠定基础。

1.2.1.4 滩地沉积泥沙风蚀起动研究

在上述辽河干流环境特征、泥沙颗粒等研究基础上，通过滩地沉积泥沙风蚀起动模拟试验系统，进行不同粒径泥沙在不同风速、不同含水量等条件下风蚀起动模拟试验，建立起不同粒径泥沙、不同风速、不同含水量泥沙与滩地泥沙风蚀起动及风蚀量之间的定量关系。

1.2.1.5 辽河干流输沙水量研究

在上述径流、泥沙研究基础上，应用不同方法进行辽河干流输沙水量计算，筛选分析出适合于辽河干流环境条件的输沙水量计算方法。同时，对不同粒径泥沙对应的不同径流量进行复合分析研究，建立起不同时间输送不同粒径泥沙所需径流量的统计关系，进而确定辽河干流不同时间、不同河段、针对不同性质泥沙的输沙水量。

1.2.1.6 辽河水沙综合调控分析

在上述水沙关系研究的基础上，根据辽河干流用水用沙特点，及不同河段水沙需求特点，初步探讨自然降水径流、人工调水径流的有效输沙用水调配制度，使辽河干流水沙资源发挥最大应用价值，减少水沙灾害。

1.2.2 研究方法与技术路线

1.2.2.1 研究方法

在综合分析辽河干流自然地理与人文环境特征的基础上，通过计算分析辽河干流主要支流汇入辽河干流水、沙情况的水文站观测数据，阐明辽河干流水资源量与径流、泥沙情况。通过水文站观测数据的深入计算分析，阐明辽河干流在不同年份、季度、月份，及特殊降水洪峰条件下地表水资源特征，进而为滩地沉积泥沙风蚀起动、输沙水量研究奠定基础。通过对水文站泥沙及泥沙颗粒特征研究、滩地沉积泥沙颗粒研究，阐明辽河干流不同粒径泥沙在干流不同河段、不同时间的分布规律，进而为滩地沉积泥沙风蚀起动、输沙水量研究奠定基础。通过滩地沉积泥沙风蚀起动模拟试验系统构建与试验研究，阐明辽河干流滩地沉积泥沙粒径、含水量及风速与风蚀量之间的定量关系。通过不同河段、不同泥沙粒径组与径流量的相关分析，计算出不同泥沙粒径在不同输移范围内所需输沙水量，并阐明输沙水量的年度、季节与特殊洪峰条件特征。最后，在评价辽河干流现有水沙调配管理制度和上述输沙水量研究的基础上，建立起自然降水径流、人工调水径流的有效调配管理制度，使辽河干流水沙资源发挥最大应用价值，减少水沙灾害。

具体技术方案如下。

（1）辽河干流环境特征研究

辽河干流地貌情况通过收集区域地貌数据获得；地质情况通过查阅辽宁地质资料获得；气候情况通过辽宁省水文局水文站气候观测资料获得；辽河干流水利工程、人文环境情况通过辽宁省水利厅和辽河保护区管理局资料获得；辽河干流来水来沙特征通过西辽河、东辽河入辽河干流最后一个水文站观测资料获得。

综合分析辽河干流地貌、地质、气候、水利工程、人文环境与干流来水来沙情况，通过水文站资料分析阐明东辽河、西辽河多年汇入辽河干流水沙特征，阐明辽河干流水资源总量、径流、泥沙的总体影响环境，为辽河干流水资源特征、不同粒径泥沙研究、滩地沉积泥沙风蚀起动研究、输沙水量研究奠定基础。

（2）辽河干流水资源与泥沙特征研究

本部分研究主要以水文站观测数据为基础进行，通过水文站径流观测的数据，研究辽河干流径流特征、泥沙特征、径流与泥沙关系特征等，阐明辽河干流在不同年份、季度、月份，及特殊降水洪峰条件下地表径流与泥沙关系，为输沙水量研究奠定基础。

(3) 辽河干流不同粒径泥沙研究

本部分研究主要以水文站观测数据、滩地沉积泥沙观测数据为基础进行，通过水文站逐日泥沙观测数据及特殊洪峰条件下泥沙观测数据，阐明辽河干流不同粒径泥沙在干流不同河段、不同时间的分布规律。通过滩地沉积泥沙观测，获得沉积泥沙颗粒数据，为滩地沉积泥沙风蚀起动、输沙水量研究奠定基础。

(4) 辽河干流滩地沉积泥沙风蚀起动研究

应用模拟试验研究方法，在上述研究基础上，通过野外辽河滩地现场取样，筛分配置不同粒径泥沙及不同粒径泥沙组合，通过配置不同泥沙含水量，对不同粒径泥沙通过鼓风机模拟不同风速，模拟滩地不同粒径、不同含水量沉积泥沙风蚀过程。建立起粒径、含水量、风速与泥沙风蚀量之间的相关关系。

(5) 辽河干流输沙水量研究

应用相关分析方法，在上述径流、泥沙研究基础上，进行不同方式输沙水量计算研究，对不同粒径泥沙对应的不同径流量进行复合分析研究，建立起不同时间输送不同粒径泥沙所需径流量的统计关系，进而确定辽河干流不同时间、不同河段、针对不同性质泥沙的输沙水量。

(6) 辽河干流输沙用水综合调控分析

在上述水沙关系研究的基础上，根据辽河干流用水用沙特点，及不同河段水沙需求特点，建立起自然降水径流、人工调水径流的有效调配管理制度，使辽河干流水沙资源发挥最大应用价值，减少水沙灾害。

1.2.2.2 研究区水文站情况

辽河干流中下游进行泥沙测验的主要测站为福德店、通江口、铁岭、巨流河和六间房等站（见下图），六间房以下至河口的 114.82km 河道目前还没有资料较长的泥沙径流测站。六间房站从 1968 年 7 月到 1986 年 6 月的 18 年间停测，测站挪到上游 20km 处的朱家房。流域面积相差 145km^2，中间没有较大支流入汇，河道情况单一，故可视为同一测站，将资料系列合并使用。

辽河上游分为东、西辽河，分别有太平和郑家屯 2 站控制。东侧主要支流清河、柴河及汎河有开原、太平寨及张家楼子 3 站反映来水来沙情况；西侧主要支流柳河、秀水河及养息牧河，则分别有新民、彭家堡及小荒地 3 个测站控制。

各站大多从 1954 年起才有测沙资料，本研究根据研究与数据掌握情况，分别采用不同时间段进行数据分析，最新统计数据一直到 2010 年。巨流河和六间房站 1937—1942 年虽也测过含沙量，但因取样方法为水边一点法，没有断面资料对照，精度欠佳，未予采用。

各站测验方法 1955 年后比较统一，平时测单位水样含沙量，在测流量的同时施测断面输沙率。通过每年的单—断关系来整编年、月平均输沙率及含沙量。由于大多数站的单—断关系基本呈 45°。换算系数为 0.9～1.15，均方差 <10%，故能满足泥沙整编的精度要求。仅开原及太平寨 2 站因受小支流影响，含沙量断面分布不均，单—断关系欠

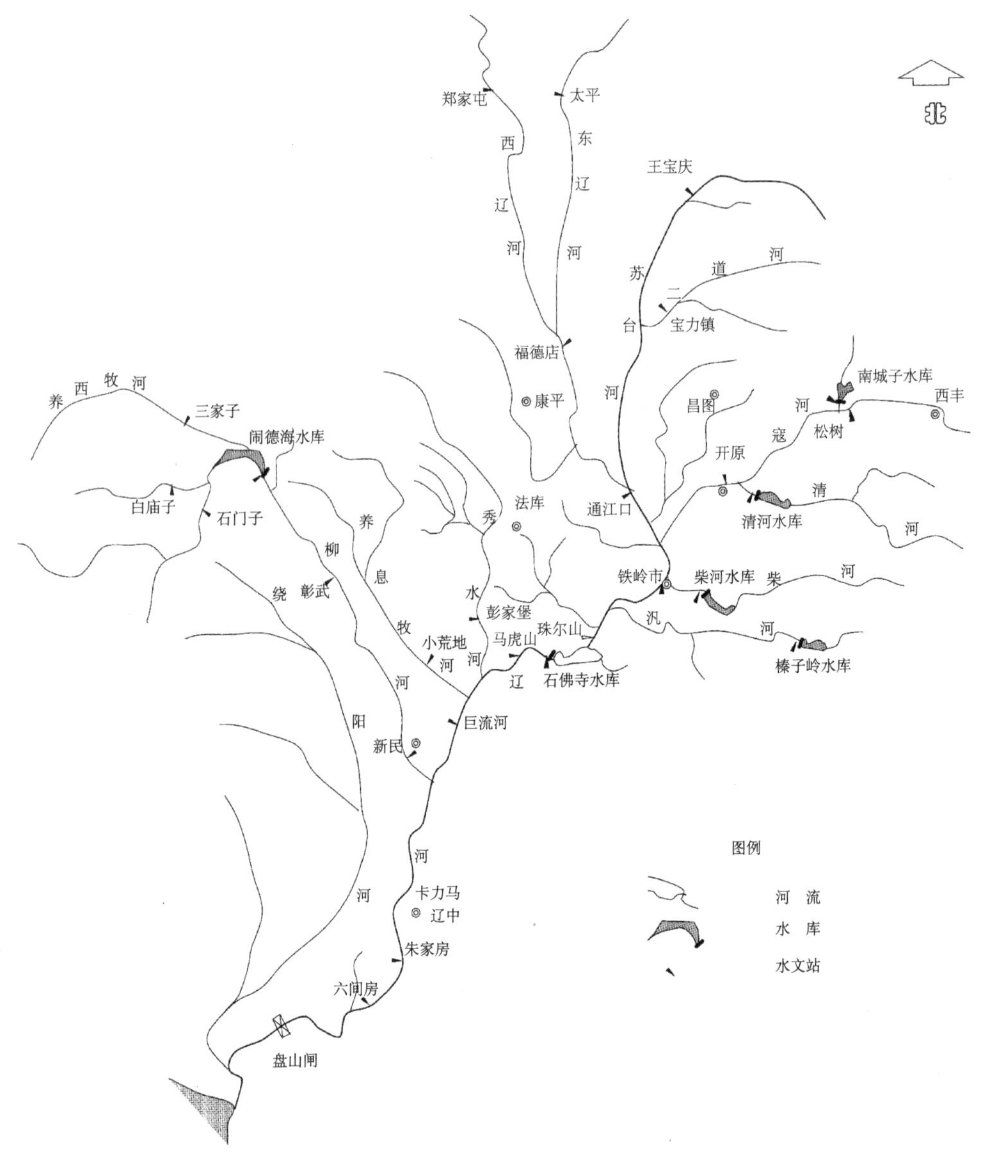

图　辽河流域测站分布图

Fig. Distribution of the stations in Liaohe River

佳，用近似法整编。

各站悬移质泥沙颗粒级配分析开始于1960年以后，取样方法同含沙量，有断平和单样之分，只是每年的测次太少，代表性不够，无法逐月整编。自2008年起测站泥沙颗粒数据统计范围发生变化，本研究未对2008年以后泥沙颗粒资料进行统计。

1.3 国内外研究进展

1.3.1 流域侵蚀产沙研究

1.3.1.1 流域侵蚀产沙

流域内土壤侵蚀发生时，所受外营力主要包括雨滴击溅、分散地表径流以及集中地表径流的冲刷和冲淘、水分下渗、温度变化、风的作用及重力等，导致土体的移动堆积与破坏形式也是多种多样。

流域产沙，是指某一流域或某一集水区内的侵蚀物质向其出口断面有效输移的过程。使侵蚀物质有效移动的力，如果是径流引起的，则称之为水力产沙；如果是风引起的，则称之为风力产沙。人类活动也可造成产沙，如开矿、修路等直接向沟道内倾倒矿渣、土体等。引起产沙的力不同，泥沙运动的形式和规律是不同的。

影响流域侵蚀产沙的因素很多，可分为自然因素和人类活动因素两方面。自然因素包括气候、地形、地质、土壤和植被等，它们的影响各不相同，其中以降雨、地形、土质和植被的影响最为突出。它们的影响可以用以下不同的指标来表示。

(1) 降雨

降雨是造成土壤侵蚀和搬运的主动力，其影响可以用两种方式来表达：一种是以降雨动能 E 和最大 30 分钟降雨强度 I_{30}的乘积来表示降雨侵蚀力；另一种是用洪水的洪量模数和洪峰模数的大小来反映降雨能量对产沙的影响。洪量和洪峰反映了成洪雨量和雨强，与土壤流失量的关系更为密切。

(2) 地形

地形因素包括地面坡度的大小、坡长、坡形、分水岭和谷底的相对高差及沟壑密度的影响，通常选用坡长和坡度来体现地形对流域产沙的影响。坡长指地面漫流开始点到进入沟壑间的平均距离，也可用漫流起点到坡度减小开始淤积处的平均距离。有资料表明，当坡度一定时，土壤冲刷量与坡长的平方根成正比。

(3) 土质

土壤是侵蚀作用的对象，土壤的机械组成、结构性、透水性、抗蚀性（指土壤抵抗径流对它们的离散和悬浮的能力）、抗冲性（对抗流水和风等侵蚀力的机械破坏作用的能力）等与水土侵蚀量有着密切关系。有人用土壤的抗冲性来表示土质因素，用土体在静水中的崩解情况作为土壤抗冲性的指标；有人按土壤的硬度定为非常坚硬、坚硬、松散等几个抗冲等级，作为抗冲指标。

(4) 植被

植被是防止水土流失的积极因素，它能截流雨滴，减少雨滴对土壤的溅蚀，改善土壤结构，提高土壤抗冲能力，增加地面糙率，减弱地面径流速度，从而减少土壤侵蚀。在水土流失估算中，植被因素常以植被度或植被作用系数来表示。植被度是植物覆盖面积的百分数；植被作用系数是植物覆盖与裸露情况下冲刷量的比值，与植被度有关。

上述自然因素是水土流失发生、发展的潜在条件，人类活动是水土流失发生、发展和保持水土的主导因素。人类活动可以通过改变某些自然因素来改变侵蚀力和抗蚀力的大小对比关系，得到使水土流失加剧或者使水土保持产生截然不同的结果。土壤侵蚀与产沙是流域系统中两个既有密切联系又有一定区别的能量耗散过程。首先，两者的耗散功并不完全相同，其发生的力学机理也有所区别；其次只有当侵蚀发生后，产沙过程才有意义，因为侵蚀为产沙提供了能耗过程中的物质来源，或者说侵蚀是产沙的必要条件。但是，在某些能耗过程中，两者又可以是同时发生的，具有相同的表现形式。例如，在坡面径流冲刷的机械功耗散的过程中，侵蚀发生的同时，也伴随产沙的开始，其表现形式均为地表物质在径流作用下的迁移运动。因此概括地说，有侵蚀发生，不一定就伴有产沙，但流域产沙归根结底来自于流域内的土壤侵蚀；有产沙，必伴有侵蚀，侵蚀是产沙的前提。

1.3.1.2 流域侵蚀产沙研究中的沙源与来沙量问题

对于一个汇流封闭的流域而言，河流泥沙的来源主要有 3 个方面：坡面来沙；沟道、河岸侵蚀；人类活动输入泥沙（如弃渣等）。一般情况下，坡面和沟道来沙是河流泥沙的主要来源，由于流域内土地利用方式等条件的不同，流域的不同位置对泥沙的贡献也不同。另外，人类活动相对频繁的道路、排水沟等也是河流泥沙的重要来源和泥沙输送的重要通道。不同的土地利用方式及土壤地质条件等究竟对河流泥沙的贡献有多大一直是人们关注的主要问题，这对于调整土地利用方式及流域规划是十分有意义的。目前，国内外在该方面的研究较多，尤其是我国在黄河流域泥沙来源与来沙量的研究方面取得了丰硕的成果，为流域泥沙治理提供了重点区域和治理方略。蒋德麒（1966）对小流域坡沟泥沙分析认为，黄河中游小流域泥沙主要来源于沟道，但分析中未考虑坡面径流通过沟坡时增加的泥沙；景可、徐建华等人（1998）对黄河粗泥沙来源的界限、数量等进行了研究；王晓（2002）采用“粒度分析法”对砒砂岩不同侵蚀类型区小流域泥沙来源的分析表明，泥沙主要来源于沟谷地；张平仓等人（1990）分析了皇甫川流域各种产沙地层的产沙特征及机械组成，并与河口悬移质泥沙对比分析，得出流域不同地层的相对产沙量；陈浩（1999）运用成因分析法的概念分析认为，黄河中游小流域的泥沙主要来自于坡面。从泥沙理化性质分析泥沙来源在我国黄河流域沙源分析中应用较为成熟，尤其是对黄河粗泥沙来源的研究更为深入，但黄河粗泥沙是在黄河这种特殊环境中产生的，并不意味着在其他流域有着同样的运用意义；杨明义等人（1999）应用137Cs研究了安塞纸坊沟流域的泥沙来源情况，表明小流域泥沙主要来源于沟谷利用示踪法可望深化对泥沙运移、沉积过程的认识，在侵蚀动力学等研究中也可有广阔的前景。

国内外学者也较多的利用水文站泥沙资料进行沙源分析。利用观测站资料研究时，泥沙测定只能给出输沙量的非经常样本。通常利用水沙关系曲线来推算缺测日输沙量；径流小区资料分析也是研究泥沙来源的常用方法。小区多选择在泥沙侵蚀与输移的典型区，进行定点人工观测或进行室内外模拟试验。小区试验为流域内不同地貌部位及土地利用方式产沙量的区别提供了有效的依据，但观测结果多应用于小流域泥沙研究中，如何将小区和小流域研究成果应用到较大流域，是目前泥沙研究中的重点和难点之一；大面积的人工调查进行沙源和来沙量研究费时费力，目前多采用大面积人工或遥感调查与径流小区和典型小流域资料相结合的方法进行大面积的沙源分析。我国关于流域沙源与来沙量的研究主要集中于黄河流域，这些研究对解决该区泥沙问题提供了很好的依据，也为其他河流的研究积累了经验。

1.3.1.3 侵蚀泥沙的坡面—河道耦合关系

侵蚀泥沙的坡面—河道过程是泥沙运移过程中相对复杂的一个阶段。这个阶段水流汇集程度较弱、规律性较差，加之环境因素多变，对泥沙运移的影响较大。在此阶段中泥沙就地拦蓄的作用对流域农业及非农业应用都会起到很大的作用，尤其是流域内不同泥沙拦蓄设施的引入对泥沙分布及运移的连通性影响较大。许多研究表明，只有部分坡面侵蚀泥沙被直接输送到了河道，并且输送泥沙量受到土地利用、地形、降雨类型等的影响。流域面积越大水流的规律性就越强，坡面向河道输沙的耦合关系就越弱（Walling，1983）。

（1）坡面侵蚀研究

目前，国外已经建立起 WEPP 等能反映流域坡面侵蚀过程的物理模型。我国近一二十年来在坡形、气候等对坡面侵蚀、侵蚀分布规律等都有了深入的探索。前人关于坡长、坡度等水沙影响的研究很多，但对侵蚀产沙过程影响的研究不多，次降雨条件下这方面的研究更不多见。孔亚平等人（2001）通过室内模拟试验研究了坡长对侵蚀产沙过程的影响；靳长兴（1995）则从坡面流的能量理论出发对临界坡度进行了研究；郑粉莉（1998）在坡面降雨径流侵蚀方面探讨了上方来水等与坡面侵蚀的关系等。我国近期的研究从研究方法上来看主要是采用标准径流小区观测天然和人工降雨条件下的产流产沙，从研究方向上来看主要是研究坡形、气候、土地利用等对泥沙侵蚀的影响，对泥沙坡面运动的过程研究较少。也有人利用“3S”技术、示踪技术等研究坡面侵蚀产沙的情况。黄诗峰等人（2001）利用 GIS 技术对嘉陵江上游西汉水流域进行了土壤侵蚀量的估算；田均良（1997）利用元素示踪法研究侵蚀泥沙在坡面沉积的分布特征及其影响因素等。

（2）沟道侵蚀研究

沟蚀预报发展经历了 20 世纪 70 年代的随机模型、20 世纪 80 年代的过程模型和 20 世纪 90 年代实用化的过程，我国在沟蚀方面的研究如王治国（1998）在黄土残源区利用人工降雨对土壤沟蚀类型进行了描述；白占国（1994）据洛川源区典型沟谷地质地貌资料分析了不同历史时期沟谷侵蚀的速率；张科利等人（1998）通过试验研究了坡面侵蚀过程中侵蚀方式发生演化的水动力学机理，对坡面侵蚀沟形成的机理进行了探讨；郑粉莉（1998）对黄土区坡耕地的细沟和细沟间侵蚀也作出了许多研究；蔡强国、包为民等人（1998，1995）从不同的角度对侵蚀沟的发展进行了模型研究。但以上研究在沟蚀和沟间侵蚀定量化方面以及它们对土壤流失的贡献率都还需要进一步的探索。确定沟蚀发展的速率是一个相对困难的问题，不仅流域大小会影响到沟道侵蚀，而且许多已经发表的工作来自于短尺度的研究，这不能代表长期的趋势。不同时期的航空相片和摄影测量方法将有助于这方面的研究。另外，关于沟道发育的年龄或阶段等问题也应该在模型中加以考虑。

(3) 坡面—河道耦合关系研究

侵蚀泥沙坡面—河道耦合关系的问题，Skempton 等人（1953）很早就提出并进行了一定的研究。Katerina（2002）将其简明的定义为坡面与河道间水文和地貌过程的连通性。实际上人们对坡面—河道耦合并没有非常统一的认识。近年来此方面的研究使人们对侵蚀泥沙的坡面—河道运移过程有了更深入的认识。Michael C 等人（2002）通过实地测量对次降雨侵蚀泥沙的坡面—河道过程进行描述，但若要了解区域泥沙运移的一般规律还需要进行长期的观测；Jolanta Swiechowicz（2002）则借助 137Cs 研究泥沙的坡面—河道过程，这种方法在国内外的应用也取得了较为满意的结果，但对于较大流域的研究在精度上会存在一定的问题；Katerina 等人（2002）利用 GIS 技术对流域进行了以栅格为基础的划分，在此基础上讨论了侵蚀泥沙的坡面—河道耦合形式与耦合程度，并建立起描述坡面—河道相互作用的二维模型用以定量的研究流域水沙的运动。我国在该方面也有较深入的研究，石辉等人（1997）通过室内模拟试验对坡沟侵蚀关系的研究表明：坡沟侵蚀关系随小流域的沟道发育而变化，呈现出沟道侵蚀量逐渐减少，坡面侵蚀量逐渐增大的总趋势；陈浩等人（1999）根据坡面水下沟时在沟坡（道）上“净产沙增量”的概念，探讨了沿程含沙水流侵蚀特性和坡沟侵蚀关系及产沙机理；蔡强国等人（1998）从泥沙输移的物理过程出发，依据流域野外小区观测与模拟降雨试验建立了一个适用于黄土丘陵沟壑区小流域侵蚀产沙过程模型，模型分为坡面、沟坡和沟道子模型；包为民（1995）提出了小流域水沙耦合概念模型，从坡面、沟道产汇沙等方面考虑构成了一个具有明确物理意义的流域水沙耦合模型。蔡强国、包为民的研究都是基于一定物理过程和物理基础的，开始向着构建物理模型的方向靠近，但在模型中对于坡面—沟道的耦合关系仍不够紧凑。对于流域的坡沟侵蚀耦合关系仍有不同的观点，因为侵蚀泥沙的坡面—河道过程规律性差、干扰因素作用显著，所以这一过程是泥沙运移过程中相对复杂的一个阶段。目前，对于这一过程规律的掌握仍有许多问题需要进一步解决。

1.3.1.4 河道泥沙的输移与存蓄变化平衡关系

关于河道泥沙输移有 3 个关键性问题：河道泥沙存蓄量、泥沙存蓄与输移时间和沉积泥沙的空间分布。由于侵蚀与产沙之间数值差异的存在，泥沙的动态存蓄将是一个不可回避的问题。河道内存蓄泥沙动态变化的定量研究将会有助于估算河道泥沙存蓄与流域产沙之间的动态关系，并且可以对不同河段泥沙的存蓄特征进行比较与解释。

河道内泥沙的运动与区域洪水的性质及河道的形状关系密切，径流的季节变化会导致河道内泥沙的相应变化；河道特征与泥沙的输移距离、不同粒径泥沙的分布等也有着直接的相互作用关系。人们总结了一些方法用以研究此类问题。如 Matthias Hinderer（2001）利用地貌形态变化计算泥沙输移问题；JackLewis（2002）利用分层随机抽样法进行泥沙平衡研究；我国在此方面的许多研究也都表明了泥沙存蓄变化与区域降雨径流的关系最为密切，如黄河中游某些支流河道具有“小水淤，大水冲”的特性，近年来由于降雨洪水较小，河道存蓄泥沙量较大。高进（1999）通过对不同形状河流沙洲发育长度的理论分析了河流泥沙淤积规律，建立起沙洲发育模型；王士强（1996）应用动床阻力及滩槽水沙交换等关系与新的不平衡输沙等初步经验关系建立了黄河下游河床变形数学模型，该模型的特点是能较好地反映浑水上滩淤积减沙使主槽减淤增冲等情况。

目前，采用同位素示踪方法研究河道泥沙存蓄变化的研究较多。Simon J 等人（1997）通过“水库理论”对河道泥沙的输移与存蓄进行了研究。“水库理论”是定量研究河道内泥沙存蓄与输移时间的一种方式，是对水库中径流平均存蓄与输出时间在概念上的一种借用。通过应用，Simon J 等人对河道内不同区段泥沙输移时间进行了较为精确的估算，对存蓄泥沙的活动等情况进行了定量研究。但以示踪法研究通常存在这样的问题：①示踪物质在河道内停留的时间至少要和泥沙平均停留的时间相等，而泥沙在河道内有可能停留上百年的时间；②如果不同时期输入河道内的泥沙充分混合，河道内泥沙的存蓄周期与驻留时间也很难确定。以特制试验设备辅助研究或许是解决河道泥沙的输移与存蓄变化过程研究的有效方法之一。英国学者 D. M. Lawler（2001）等人研制了一种用以自动监测河流泥沙的侵蚀、输移与沉积情况的“光电侵蚀探针”，其最大的优点在于它可以长期自动连续监测河流泥沙的侵蚀、输移与沉积，这对于没有或较少水文测站的区域连续观测泥沙是十分有意义的。

1.3.1.5 流域侵蚀产沙研究中的模型问题

尽管极端降雨条件会产生大量的泥沙，但侵蚀模型对平均侵蚀率的测量仍然是很好的泥沙预测方式。通用土壤流失方程（USLE）可以模拟单坡面长期的泥沙侵蚀，但 USLE 模型预测的坡面侵蚀并未考虑坡面凹陷处的沉积问题。然而，一部分冲积物或崩积物会在其运移过程中发生沉积，而且流域的范围越大发生沉积的机会就越多。下面提到的几个侵蚀预测模型都是可以模拟泥沙运移过程的模型，它们分别是用来模拟单次降雨过程和长期侵蚀过程，以及模拟单坡面侵蚀和不同尺度全流域侵蚀产沙的。大部分的模型都是用来模拟单次降水侵蚀的，如 EROSION3D（1999）、EUROSEM（1999）、KINEROS2（1999）、ANSWERS（1993）、AgNPSm（1999）。应用这类模型最主要的问题是初始条件的确定，因此，这类模型通常被用来模拟不同降水的设计。在时间上具有连续性的模型如 WEPP（1999）和 OPUS（1991），这类模型比上面提到的模型更为复杂，因为它们还可以用来模拟土壤水分运动、植物生长等两次降水期间的过程。因此，这类模型的优点在于初始条件可以自动提供，并且可以相对容易地对一系列降水进行计算。大部分在时间上具有连续性的模型都是用于模拟单坡面侵蚀的，这与模拟全流域侵蚀模型具有明显的区别。模拟全流域土壤侵蚀的模型需要对流域空间进行离散化和参数化处理，一般采用两种方式：一是基于栅格的空间离散化处理（EROSION3D、ANSWERS、AgNPSm）。但是栅格的大小会对模拟结果产生很大的影响，因此，可研究流域的最大尺度是由栅格的最大数量所决定的。另一种方法是将流域根据一定的参数标准划分成若干个具有代表性的坡面（KINEROS2、EUROSEM），这些坡面通过沟道连接起来，进而通过模型模拟泥沙的输移过程。将侵蚀模型与地理分析软件进行不同程度的耦合是近年来泥沙平衡研究中模型研究的主要方向之一。蔡强国等人（1996）在 IDRISI 软件的支持下建立了一个具有一定物理基础的能表示侵蚀产沙过程的小流域次降雨侵蚀模型。模型考虑了降雨入渗、径流分散等过程，将水流在流域的汇流、输移过程引入到模型当中，从机理上对侵蚀过程进行了定量分析。GiorgioA. Benporad 等人（1997）采用分布式模型模拟水、沙量平衡。通过 GIS 处理将该流域离散化为栅格形式，建模以栅格为基础，与栅格整合的模拟方程通过流域出口处的水沙资料进行模型修正。结果显示，分布式数学模拟能够较为精确地模拟流域以月和年为单位的水沙运动情况。他们的研究通过 GIS 处理与时间修正，在一定程度上已经打破了模型研究的空间与时间尺度限制。确定可用的侵蚀模型是一项很复杂的任务，侵蚀模型必须经过修正之后才能用于模拟泥沙的过程。其中主要的问题是模型参数的转换、无观察站点区域初始条件的设置及利用长系列资料进行模拟时模型的适用性问题。准确的实地资料非常重要，因为它们常常是侵蚀产沙建模的重要限制性因素，如果分布资料不够全面，对于较大尺度的流域而言模型的选定将是很困难的。对于长系列资料的模拟，同时期泥沙沉积的调查十分必要，因为只有这样才能对资料模拟的结果进行校验。

1.3.1.6 小结

流域侵蚀产沙研究关系到我国生态环境建设、水利工程的使用与建设等方方面面，总结分析我国泥沙研究的现状，针对我国泥沙平衡研究中存在的问题，借鉴国外好的研究思路与研究方法，进行系统的、泥沙运移过程的平衡计算将是十分有意义的。

（1）基本资料的科学观测

在流域侵蚀产沙研究中，丰富而准确的资料是泥沙研究的生命线。因此，科学合理地布设观测站点，对部分观测站点进行适当的调整，进行水文泥沙的长期、连续观测是获得水文泥沙研究资料的基础，更是流域侵蚀产沙研究发展的前提条件。

（2）因地制宜的泥沙运移过程研究

目前，对于泥沙输移预报问题还需要了解更多的、更为细致的输移过程。对于流域内侵蚀泥沙不同粒径之间的关系、流域内侵蚀泥沙的停留时间与重新移动问题、侵蚀泥沙坡面过程与沟道过程的不同、侵蚀泥沙的停留时间与重新移动的耦合关系、适当时间尺度范围内坡面与沟道间的动态相互作用关系、侵蚀系统内不同部位侵蚀泥沙的相互关系及如何评价等问题仍然需要更为深入的研究。

目前，国内尚未研究出类似于美国 USLE 的单坡面侵蚀模型，更未见类似于 WEPP 的物理过程模型，致使我国目前土壤侵蚀定量化缺乏实据，今后一段时期内应当攻关此方面的研究。我国幅员辽阔，地域间自然条件差异较大，除了进行通用性较强的物理模型的研究外，开展区域性产沙经验模型的研究同样有不可替代的作用。我国关于泥沙侵蚀阶段的研究与预测模型探讨较多，但能够反映泥沙运移全过程的模型较少，因此，对于全流域泥沙输移过程的研究也应该加强。

（3）综合研究方法

泥沙从侵蚀到沉积是一个复杂的过程，因此，泥沙平衡的研究也应该是一个系统工程。单一的方法一般难以解决全流域泥沙运移研究的问题。采取多种研究方法的综合使用，充分发挥“3S”技术等高新技术在泥沙资料的获得与分析等方面的巨大作用，在我国的泥沙平衡计算研究中仍有很大的发展空间。

1.3.2 风水两相侵蚀研究

1.3.2.1 国外研究

除单独进行风力侵蚀与水力侵蚀研究外，国内外土壤侵蚀研究工作者对风水两相侵蚀也做了大量的研究工作。世界气象组织与联合国规划署调查显示，全球易于发生风、水两相侵蚀的地区面积达到2 374km^2，占全球陆地面积的17.5%，主要分布在澳大利亚的埃尔湖流域、非洲的撒哈拉地区和纳米布沙漠东部、中亚地区和中国的内陆地区。Г. A.普罗霍罗娃早在1946年就对卡拉库姆沙漠进行了研究，研究区域风蚀侵蚀与水力侵蚀对该地区地貌形成起到了一定的作用。她认为该沙漠的形成是风力侵蚀与水力侵蚀堆积的产物，但以风力侵蚀为主。Tricart早在1965年也阐述了由于气候变化所引起的风力侵蚀与水力侵蚀对尼日尔河及其所在三角洲的影响，被认为是用于研究热带干旱区风力侵蚀与水力侵蚀最有影响的研究论述之一。后来，Kirkby（1978）根据水分的变化，将风水两相侵蚀划分为三种类型，认为风蚀、水蚀两个侵蚀过程之间存在一个最大的潜在侵蚀区，即风水交互作用区。20世纪80年代以来，越来越多的研究学者开始对风水交互沉积进行研究，研究发现，地层的记录中有大量的干旱环境条件下的风水交互沉积作用，这一结果激励了越来越多的学者开始研究干旱、半干旱区域的风水相互交替作用，并随后在澳大利亚的辛普森沙漠、非洲的撒哈拉地区和美国的莫哈维沙漠等地区进行了大量的实地调查研究。Brunsden（1993）引入了“耦合”的概念来研究风水两相侵蚀过程的紧密程度，结果表明耦合的时间特征由沉积物在风水两个系统中传递的能量来决定，如风蚀物质在干旱季节由于能量低在季节性河道沉积下来，并在雨季被高能量的洪水侵蚀。1995年，哈拉地区的风水相互交替作用被联合国教科文组织作为重要食物课题来研究。Harrison J. B. J等人（1998）在色列内盖夫沙漠地区对风力侵蚀与水力侵蚀相互作用过程进行了大量的研究，研究发现，风力侵蚀与水力侵蚀作用是一个相互作用的循环体系。1999年风水相互交替作用被国际地质对比计划作为413项目的研究专题来研究。美国波士顿大学遥感中心的Farouk E. B. 等（2000）研究了非洲撒哈拉东北部的风、水动力过程，阐明了地面径流与风、水相互作用的关系，地面径流的大小直接决定了风或水所起的主导作用。Micheal（2004）研究了雨滴溅蚀形成的土壤结皮对风蚀的影响，发现土壤结皮增加了土壤强度，降低了风蚀。风水两相侵蚀在时间分布上具有明显的特征：在年际的小时间尺度上，侵蚀营力表现为季节性相互交替。具体表现形式为：冬春季节以风力侵蚀为主，夏秋季节以水力侵蚀为主，水力侵蚀对地面物质的搬运与沉积，为风力侵蚀准备了充足的物质基础，加剧了风沙活动；风蚀侵蚀的搬运与沉积也为水力侵蚀提供充足的物质来源；在较短的中尺度时间范围内，年际之间的干湿变化导致风水相互交替作用的强弱与方式发生变化，在干旱年份以风力侵蚀为主，在湿润年份以水力侵蚀为主；在大的时间尺度上风水两相侵蚀相互交替进行，随着气候的变化和环境的演变，风力侵蚀为主和水力侵蚀为主的时期不断交替出现（Bullard J E，2002）。风水两相侵蚀在空间上交错进行，这种交错的分布导致风水两相侵蚀不仅在不同地貌侵蚀量和侵蚀方式不同，即使在同一地貌区内，由于风蚀水蚀交替作用导致侵蚀的差异也十分显著。

Woodruff 和 Siddoway（1965 年）提出了 WEQ 的风蚀预报模型，它包括气候、土壤、耕作和植被等因子，其中，气候因子与土壤因子是最主要的因变量，WEQ 风蚀预报模型表达式为：$E=f(I, K, C, L, V)$，式中 E 为年风蚀量；I 为土壤可蚀性；K 为土壤粗糙度因子；C 为气候因子；L 为田块裸露长度；V 为植被因子。Pasak（1973）提出了对单独风蚀事件预测的模型：$E = 22.02 - 0.72P + 1.69V - 2.64Rr$，式中 E 为年风蚀量；P 为难蚀颗粒所占比例；V 为风速；Rr 为相对土壤湿度。Bocharov（1984）提出了包括地表土壤物理性质和若干气流特征参数的预报模型 $E=f(W, S, M, A)$，式中 E 为风蚀程度；W 为风况特征；S 为土壤表层特点；M 为气候要素特征；A 为人类活动对地表的干扰程度以及和农业活动相关的其他因子，该模型中的风的特征包括风速的频率特征、风速和风向；土壤特征包括土壤结构的水稳性、不难蚀颗粒含量、机械组成、湿度等；气象要素包括相对湿度、降雨强度与降雨量、气温、土壤温度（土壤冻结）等；农业生产活动引起许多自然要素的变化，包括顺风向田块长度、上年风蚀性质、土壤表面沟垄的形成。这些因子中任意一个因子的变化都能引起土壤风蚀量的变化，但每个因子在风蚀量预测中所起的作用是不相同的。

20 世纪 80 年代美国农业部开发了风蚀预报模型（WRPS），适用于不同的时空尺度序列的农田和草原地区，是一个基于风蚀过程的计算机模拟预测系统，共包括土壤、气象、侵蚀等 7 个模块，其中，土壤子模块包括土壤性质在风蚀过程中的动态变化特征及对土壤风蚀可蚀性的影响，耕作子模块评价了耕作对土壤地表的影响（Hagen L J，1989）。20 世纪 90 年代又提出了风蚀模拟系统（WESS）和修正风蚀预报方程（RWEQ），WESS 包含土壤性质因子有土壤质地、可蚀性颗粒百分含量、地表土壤湿度和变干速率、可蚀性土壤厚度、地表土壤容重和综合地表粗糙度（Skidmore E L，1991），RWEQ 是一个以牛顿第一运动定律为前提的风蚀预报模型，在预测风蚀的过程中引入可蚀性颗粒含量、土壤结皮状况、土壤湿度等土壤性质因子，而把地表粗糙度作为耕作因子（Fryrear D W，1999）。RWEQ 预测风蚀量的公式为 $Q_x = Q_{max}[1-e(x/s)^2]$，$Q_{max}=107.8(WF^* EF^* SCF^* K'^* COG)$，其中，$Q_x$ 为在田块长度 x 处的风蚀量；Q_{max}为风力的最大输沙能力；x 为地块长度；s 为正负坡的转折点；WF 为气象因子；EF 为土壤可蚀性成分；SCF 为土壤结皮因子；K'为土壤粗糙度；COG 为植被因子。许多学者对以上模型的研究做出了突出的贡献。Zobeck E L（1991）将影响风蚀的土壤性质划分为内在属性和暂时属性，前者随时间变化缓慢，受气象因子和管理措施的影响较小；后者随气象因子和耕作措施的变化而变化，主要包括团聚体结构、土壤可蚀性颗粒含量、地表结皮和土壤容重等。

虽然 WERS 在风蚀预报的时间分辨率较 WEQ 更高，但在空间尺度上仍不能满足大面积复杂区域的风蚀研究，且未能利用更新速度快、覆盖面广的遥感数据，也未与具有强大空间分析能力的地理信息系统（GIS）相结合。

1.3.2.2 国内研究

关于风水两相侵蚀的研究在国内也有一定程度的研究，史培军（1986）提出了风、水两相侵蚀作用，我国的干旱、半干旱地区存在着大量的风、水两相侵蚀。高学田等（1996）计算了黄土高原南北水力侵蚀区、风蚀、水蚀交错带及风沙边缘区的风蚀能量、水蚀能量及地形附加侵蚀能量。结果表明：在风、水蚀交错带，在降雨侵蚀能量的基础上，由于风蚀能量的叠加，加之地形附加侵蚀能量也较高，使风蚀、水蚀交错带成为黄土高原的高侵蚀能量环境区和潜在侵蚀强度较大的地区。张仓平（1999）对风、水两相侵蚀的时空特征及水蚀、风蚀能量特征进行了定量分析，得出 2～5 月、11～12 月有效风蚀能量表现最高，6～10 月有效风蚀能量最低，风力不大，加之地面湿润，风蚀堆积作用表现十分微弱，但有效的水蚀能量最高，水力侵蚀的最大值出现在 7～8 月份。这种水力与风力侵蚀能量在一年之中相互交替、促进的结果是该地区土壤侵蚀强烈的重要原因。唐克丽等（2000）对黄土高原的进一步研究认为，水力侵蚀和风力侵蚀交错带是黄土高原侵蚀最严重的区域，也是黄河中下游粗泥沙的主要来源区。邹亚荣（2003）以 GIS 技术为支撑，对我国的风蚀、水蚀交错区进行了研究，发现西部沙漠，北部山脉沿线的侵蚀最为严重，并计算出 49.6% 风水侵蚀复合带的降水量小于 200mm，土地利用类型以草地为主，其次是耕地，这种分布与气候、地貌有紧密的联系。李勉等（2004）通过对黄土高原水蚀、风蚀交错带六道沟流域一个典型峁坡不同坡向及坡位土壤剖面中 137Cs 含量的分析研究表明，研究区内不同地形的坡向侵蚀具有不同的特征。他们分析认为，这与该区域水力侵蚀与风力侵蚀相互叠加所形成特殊的侵蚀力有关，并根据不同坡向侵蚀速率的差值估算出风蚀所占比例至少大于 18%。胡海华等（2006）通过对河北坝上地区典型小流域风沙输移特性及其影响因素的研究，得到了风蚀、水蚀交错区风沙流的几方面典型特征，但未对水流的作用进行研究。许迥心（2000，2005）对黄河中游风、水两相侵蚀产沙过程进行了描述，并对风、水两相侵蚀对黄河高含沙水流出现的影响进行了研究。他以黄河中游 29 条支流、40 个站点的资料为基础，研究了风、水两相作用对黄河支流悬移质粒度特征的影响，建立了悬沙中 >0.05mm 的粗颗粒组分百分比和悬沙中 <0.01mm 细颗粒组分百分比与年均沙尘暴日数和年均降水量之间的回归方程。风力和水力耦合作用是黄土高原地区产沙模数较高的机制，风力作用和水力作用在时间上存在差异，前者为高含沙水流的搬运准备了大量粗粒径泥沙，存储于坡面和河道中，后者则形成了含有大量细颗粒的暴雨径流，为粗颗粒的运动提供了动力条件。他的研究发现，在不同的河流之间，随着风、水两相作用指标的变化，粗、细颗粒之间表现出不同的搭配关系。许迥心的研究从一个较大的尺度对风、水两相侵蚀进行了定量复合研究，对风、水两相侵蚀研究作出了巨大的贡献，但仍未涉及坡面尺度风蚀、水蚀作用的影响与预测问题。

对于涉及研究区的侵蚀预报问题，林素兰等（1997）经过 11 年的坡耕地径流小区试验得出了辽北低山丘陵区坡耕地土壤流失方程为 $E=12.66R \cdot K \cdot L \cdot S \cdot C \cdot P$，其中，$R$ 为降雨侵蚀力、K 为土壤可蚀性因子、L 为坡长因子、S 为坡度因子、C 为作物管理因子、P 为耕作措施因子。该研究只涉及到研究区内流水作用强烈发生区域的坡面水蚀问题，未考虑风蚀泥沙的影响问题。

高科等（2001）对科尔沁沙地风、水侵蚀原因及其动态变化进行了研究，指出风、水侵蚀的原因主要是冬、春季节干燥多风（风蚀发生），夏季降雨集中（水蚀发生），以及地表物质疏松、沙源丰富和人口增长加剧等原因所致。对于风蚀与水蚀的发展变化，高科的研究认为，科尔沁沙地风力、水力侵蚀强度在某些地区内有所减弱，但从总体上讲，风水两相侵蚀的范围仍在扩大，在全球气候变暖背景下，干燥程度继续增加、人类活动的干扰破坏程度及范围随之加剧，风力侵蚀和水力侵蚀范围的继续扩大意味着生态环境恶化随之带来的威胁性越大。高科等人的研究对风蚀、水蚀的原因进行了分析，但还未涉及风蚀与水蚀的交互作用机理问题。

从国内外研究现状来看，对风水两相侵蚀的研究没有形成系统性的规模研究，国外对此方面的研究相对较少，我国的研究主要集中在黄河流域和黄土高原。对于风蚀、水蚀交互作用非常显著的辽河流域相关研究较少。更为重要的是，目前，对于风蚀、水蚀交互作用情况下侵蚀泥沙的预报很少研究，对于风蚀、水蚀交互作用条件下坡面侵蚀的机理与预报研究更为少见。我国风水两相侵蚀交错带面积广大，需要专门对此区域开展广泛深入的研究。

1.3.3 输沙水量研究方法

1.3.3.1 输沙水量研究方法

输沙水量的概念最早出现在20世纪70年代制定黄河分水规划方案时，鉴于当时黄河的来水来沙情况，认为维持下游河道年淤积泥沙$(3\sim4)\times10^8$t时约需要$(200\sim220)\times10^8m^3$输沙水量，但对输沙水量未给出严格定义。

实际上，河流中水流与泥沙之间存在着密切的关系，一定条件下的水流能够挟带一定量的泥沙。相反，输送一定量的泥沙需要一定的水量，当实际水量小于此水量时，部分泥沙将淤积于河道内，此时全部水量用于输沙。当实际水量大于此水量时，河道可能冲刷而达到新的水沙平衡，这种情况下全部水量中只有一部分用于泥沙输移。

许多学者研究了输沙水量问题，石伟，王光谦（2003）总结认为，河流输沙水量是指河流的某一河段或某一断面将其上游单位重量泥沙输送入下游或入海所用的清水的体积，也称输沙耗水率、输沙用水量、需水率。将输沙水量概括为3个方面，即：①输送单位重量泥沙所需要的水量为输沙水量；②单位重量泥沙输送到下游或入海所用清水体积或单位泥沙浑水中的清水量为输沙水量；③输送一定数量泥沙所需的水量为输沙水量。

严军，胡春宏（2004）与上述输沙水量概念相对应，他们将输沙水量计算方法也分为3类：①含沙量法—输沙水量直接由含沙量计算；②输沙总水量计算法—用总水量与总沙量之比表达输沙水量；③资料分析法—分析河道水沙资料，用经验公式计算输沙水量。输沙水量的概念是在黄河用水输沙的研究中提出的，有关输沙水量的计算方法也多是在黄河用水输沙的理论与实践中总结出来的。除上述关于输沙水量的研究方法之外，还发展出了一些崭新的研究思路与方法。但总的来看，可将输沙水量研究方法归纳为以下几种。

（1）输沙水量直接由含沙量计算的含沙量法

齐璞等（1997）有关黄河输沙水量研究指出，输沙水量的多少取决于含沙量的高低，并可用下式计算：

$$q' = \frac{(1 - S/\gamma_s)}{S}$$

式中：q'为单位输沙水量（m^3/t）；S 为断面平均含沙量（t/m^3）；γ_s 为泥沙容重（t/m^3）。

石伟，王光谦（2003）有关黄河输沙水量研究认为，河流输沙水量是挟沙水流中水沙比例的数量关系，应用下式表示：

$$q' = \frac{(1 - 0.001 \times S/\gamma_s)}{0.001 \times S}$$

式中：q'为单位输沙水量（m^3/t）；S 为断面平均含沙量（t/m^3）；γ_s 为泥沙容重(t/m^3)。

（2）用总水量与总沙量之比表达输沙水量的输沙总水量计算法

钱意颖等（1993）认为，黄河下游的输沙水量与来水来沙条件和河床边界条件密切相关。汛期流量大，含沙量高，河床处于淤积状态，输沙用水量较小；非汛期流量小，含沙量低，输沙用水量较大。各站水量与沙量之比即为各站的输沙水量。

高季章等（1999）根据实际观测与试验分析的结果确定了黄河下游河道年内冲淤平衡的不同水沙搭配，由此计算输沙水量。

黄金池，刘树坤（2000）通过分析确定黄河下游汛期泥沙输移量，及汛期最优输沙效率最小单位输沙水量的组合计算汛期输沙用水量。

实际上，总水量与总沙量之比表达输沙水量的输沙总水量计算法与下述分析河道水沙资料的资料分析法并无实质性区别。

（3）分析河道水沙资料的资料分析法

岳德军等（1996），常炳炎等（1998）根据三门峡、黑石关、武陟1960—1989年水沙资料的分析推算利津输沙水量。

汛期输沙水量：

$$\lg n_{lj} = 1.849 - S_{shw}/150$$

$$\frac{\Delta W_s}{W_{shw}} = 0.723 - 21.52/S_{shw}$$

非汛期输沙水量：

$$\lg n_{lj} = 2.586 - 0.0027 W_{shw}$$

$$\Delta W_s = -1.737 + 0.00496 n_{lj}$$

式中：$\lg n_{lj}$为利津输沙水量（m^3/t）；S_{shw}为三门峡、黑石关、武陟含沙量（t/m^3）；ΔW_s 为下游河道冲淤量（$10^8 t$）；S_{shw}为三门峡、黑石关、武陟来沙量（$10^8 t$）。

（4）应用净水量计算输沙水量的研究方法

实践研究工作中，除上面论述的3种输沙水量计算方法外，还发展出了其他一些研究思路。严军，胡春宏（2004）在以上3种方法的基础上，考虑了输沙水量与净水量的区别，提出了输沙水量的计算方法为：

$$W' = \eta^{\alpha} \cdot W_w$$

$$W_w = W - W_s/\gamma_s$$

式中：W'为输沙水量（m^3）；η 为输沙效率（%）；α 为指数（其值由输沙效率 η 确

定)；W_w 为净水量（m^3）；W 为径流量（m^3）；W_s 为输沙量（$10^8 t$）；γ_s 为泥沙密度(通常取 $2.65t/m^3$)。

单位输沙水量计算公式为：

$$q' = W'/W_s$$

式中：q'为单位输沙水量（m^3/t）；W'为输沙水量（m^3）。

输沙效率 η 值由输沙量法或含沙量法确定：

$$\eta = W_{S进}/W_{S出}$$

$$\eta = S_{进}/S_{出}$$

式中：$W_{S进}$，$W_{S出}$分别为进、出口站的输沙量（t）；$S_{进}$，$S_{出}$分别为进、出口站的含沙量（t/m^3）。

上式在黄河下游应用时，当进口站输沙量 $W_{S进}$小于出口站输沙量 $W_{S出}$或进口站含沙量 $S_{进}$ 小于出口站含沙量 $S_{出}$ 时，河段冲刷，$\eta \geq 1$，$\alpha = 1$；当进口站输沙量 $W_{S进}$大于出口站输沙量或 $W_{S出}$进口站含沙量 $S_{进}$ 大于出口站含沙量 $S_{出}$ 时，河段淤积，$\eta < 1$，$\alpha = 0$。冲淤平衡状态是一个范围，当 η 位于 0.8 ~ 1.2 区间时，可近似认为河道处于冲淤平衡状态。

（5）应用能量平衡原理计算输沙水量的研究方法

以上这些成果多以黄河下游为研究对象，从输沙平衡的角度，基于对输沙规律的分析，研究在一定来水来沙及河道淤积水平条件下，输送一定数量的泥沙所需的水量，存在的共同问题是没有考虑河道主槽大小的影响。

吴保生等（2012）基于河道挟沙水流能量平衡原理计算塑槽输沙水量基本表达式为：

$$W = \frac{1}{\gamma \Delta H}\left[E_1 \left(Q_b \right) + E_2 \left(W_S \right) \right]$$

式中：W 为水体体积；γ 为水体的容重；ΔH 为研究河段进出口断面间高差；E_1 为水流用于克服边界阻力，塑槽和维持一定规模的水力几何形态所消耗的能量；E_2 为用来输送水流中的泥沙所消耗的能量；Q_b 为平滩流量；W_S 为河道输沙量。其中 $E_1 = E_1(Q_b)$；$E_2 = E_2(W_S)$。

除上述围绕黄河下游输沙水量主要代表性研究之外，刘小勇等（2002）分析了黄河下游输沙用水效率，按照不同的平衡输沙目标计算了输沙需水量；严军等（2009）根据吴保生和张原锋（2007）建立的泥沙输移公式，得到了黄河下游河道输沙水量实用公式。付旭东等（2009）基于场次洪水的输沙特性，建立了维持主槽不萎缩的汛期输沙需水量的优化模型。以上这些成果均以黄河下游为研究对象，从输沙平衡的角度，基于对输沙规律的分析，研究在一定来水来沙及河道淤积水平条件下输送一定数量的泥沙所需的水量，存在的共同问题是没有考虑河道主槽大小的影响。

部分研究考虑到了河道主槽大小对输沙水量的影响。如杨丽丰等（2007）及林秀芝等（2005）在研究渭河下游输沙需水量时考虑了平滩流量的影响，在很大程度上认识到了不同主槽规模下输沙需水量的大小存在差异。刘晓燕等（2007）基于对历史资料和未来入黄水沙形势的分析，初步提出了维持黄河下游主槽平滩流量4 000m^3/s时所需的塑槽水量及洪水条件。张原锋和申冠卿（2009）以维持4 000m^3/s平滩流量为目标，研究了维持黄河下游主槽不萎缩的输沙需水量，指出输沙需水主要取决于主槽维持规模、来沙量、水沙过程等因素。该研究在一定程度上考虑了主槽规模的影响，但并没有将输沙需水量与表征主槽规模的平滩流量直接建立关系。吴保生等（2011）利用已有平滩流量研究成果，提出了塑槽输沙需水量的概念，建立了黄河下游塑槽输沙需水量计算方法。该方法考虑了前期水沙条件及平滩流量大小对塑槽需水量的影响，但由于公式结构形式存在不足，在来沙量较小时（<1亿t）计算的塑槽需水量明显偏小，在其后期应用能量平衡原理进行输沙水量计算时在很大程度上解决了上述问题。

此外，张翠萍等（2007）针对渭河下游的来水来沙、河道输沙特性，分析了汛期和非汛期输沙水量的特点，并用不同的方法进行了计算，综合确定了汛期、年输沙水量，初步论证了输沙水量的合理性。史红玲等（2007）通过对松花江干流多年水沙过程、纵剖面及横断面形态、河道稳定性计算及河势变化分析，表明松花江干流河势总体相对稳定。针对松花江以推移质造床为主，输沙水量不是维持河道稳定的决定性因素的特点，提出了包含水量、流量和历时要求的维持河道稳定需水量的概念，以典型断面哈尔滨站为例，给出维持松花江干流河道稳定的需水量为$173\times10^8m^3$，占全年总水量的40%；维持松花江干流河道稳定的平滩流量过程的重现期为1.3年，频率为9.6%，说明松花江干流水量充沛，平滩洪水重现和持续历时符合造床条件，基本能够满足维持河道稳定的需求。

张燕菁等（2007）在对辽河干流河道冲淤演变特性观测研究的基础上，对维持河道稳定的输沙水量进行了分析计算。研究成果表明，辽河河道输沙水量与来沙量大小成正比，上中游河段输沙水量为$16.15\times10^8m^3$，下游河段输沙水量为$26.22\times10^8m^3$，辽河干流下游河段多年平均输沙水量小于不淤（高效）输沙水量，说明现有的来水量不足以维持下游河道的冲淤平衡，要保证下游河道不发生持续性淤积，还需要采取其他措施增加输沙水量，以便维持下游河道的相对稳定。

输沙水量概念在我国黄河水沙关系研究中提出，在黄河下游进行了深入的研究，并取得了丰硕的研究成果，在其他河流研究相对较少。因输沙水量问题在多泥沙河流研究更具价值，虽然国外在水沙关系研究方面也取得了显著的成就，但在有关水沙水量研究方面，国外相关研究较少。

1.3.3.2 输沙水量研究不足与未来发展

以上研究多是在分析实测水沙资料的基础上，得到河流在现有河床、现有来水来沙条件下输沙过程中的宏观水沙搭配关系。河流输沙水量与河道输沙能力密切相关，因河流水沙条件的变化、很多河流水资源的短缺，在考虑利用水库、水库群调水调沙来节水输沙时必须与河道减淤、河型转化、水资源的充分利用及水库的兴利密切结合。而目前相关问题还有待进一步研究。

现有输沙水量计算式多是在对实测资料分析基础上所得的经验式，缺乏用于实际工程、水库调水调沙的简便的、足够精度的计算式。

另外，现有输沙水量研究中，虽然考虑了河流汛期、非汛期、洪峰期等不同来水条件下最优输沙水量问题，但很少考虑到不同泥沙粒径在不同来水条件下的输沙用水问题。

2 辽河干流环境特征研究

2.1 辽河干流自然地理特征研究

2.1.1 气候特征

辽河流域地处温带大陆性季风气候区。冬季严寒漫长，夏季炎热多雨，春季干燥多风，秋季历时短。大部分地区多年平均气温 4 ~ 9℃，年内温差较大，极端最高温度 42.5℃，极端最低温度 -41.1℃。流域内降水的时空分布极不均匀，东部山丘区多年平均降水量为 800 ~ 950mm，西部的西辽河地区仅 300 ~ 350mm，降水多集中在 7 月至 8 月，占全年降水量的 50% 以上，易以暴雨的形式出现，降水的年际变化也较大，最大和最小年降水量之比在 3 倍以上，而且有连续数年多水或少水的交替现象。多年平均蒸发量 1 100 ~ 2 500mm，自东向西逐渐加大。年平均相对湿度为 49% ~ 70%。多年平均风速 2 ~ 4m/s，年最大风速出现在春季为 20 ~ 40m/s。全年日照时数为 2 400 ~ 3 000h。无霜期为 150 ~ 180 天。

历年大暴雨多发生在 7 月至 8 月，一次暴雨常集中在三天。造成大暴雨的天气系统为台风、高空槽、华北气旋、低压冷峰、静止峰、冷涡、江淮气旋等，且一般是几个天气系统连续出现。上述天气系统形成的暴雨历时长、雨强大、范围广。辽河干流区域发生的特大暴雨年份有 1888 年、1951 年、1953 年、1960 年和 1995 年。1949 年以来特大暴雨的暴雨中心及笼罩范围详见表 2 - 1。

表 2 - 1 辽河干流大水年三日暴雨笼罩面积表

Tab. 2 - 1 Three days of rainstorm area in high flow year in the main stream of Liaohe River

场次	暴雨中心		暴雨笼罩面积（km^2）				
	站名	雨量（mm）	500（mm）	400（mm）	300（mm）	200（mm）	100（mm）
1995	傲牛	529.3	500	2 200	5 630	18 570	39 180
1960	抚顺	324.7	—	—	4 150	17 950	28 000
1951	西丰					2 273	13 815
1953	凉水泉	353.5	—	—	—	2 560	21 530

2.1.2 地貌特征

辽河流域的东部是辽东、吉东山地，属千山山脉、龙岗山脉和哈达岭，山势较缓，河流发育，森林茂盛。西部为大兴安岭的南端，山脉起伏连绵。南部为七老图山、医巫闾山和努鲁儿虎山等组成的中、低山丘陵地带，属燕山山脉的东延部分，山岭较陡峻，山麓常有较厚的第四纪风积或残积物堆积。中部是广阔的辽河平原，地势低平，河流蜿蜒，第四纪堆积物厚达数十米至百余米。在河口渤海沿岸有大片的沼泽地分布。西辽河平原风砂地貌形态明显，分布有流动或半流动沙丘，为著名的科尔沁沙地。流域内山地面积 $7.85\times10^4 km^2$，占流域面积的 35.7%，丘陵面积 $5.15\times10^4 km^2$，占 23.5%，平原低洼地面积 $7.58\times10^4 km^2$，占 34.5%，沙丘面积 $1.38\times10^4 km^2$，占 6.3%。

辽河干流东为长白山地，西为冀热山地和大兴安岭南端。地势自北向南，由东西向中间倾斜，流向自北向南。在铁岭、沈阳一带，其海拔高程约 40 ~ 60m，营口盘山一带，其海拔高程约 4 ~ 7m，石佛寺坝址处海拔高程约 40m。

辽河干流由北至南，由东西至中间，依次分布着剥蚀堆积地形的山前坡洪积扇裙和山前坡洪积倾斜平原，堆积地形的山前冲洪积微倾斜平原，河道中下游冲积平原，河口冲积三角洲平原。

2.1.3 地质特征

辽河位于华夏系第二巨型沉降带，处于中朝准地台与吉林、黑龙江、内蒙古—大兴安岭褶皱系接壤部位，地势至北向南倾斜。其东为长期缓慢上升的辽东低山丘陵区，西临间隙性掀斜上升隆起区——辽西低山丘陵区，南濒渤海湾。辽河上、中游平原区大部分为堆积地形的冲湖积平原，傍辽河干流区发育冲洪积河谷平原。

辽河干流地势平坦，地貌单元比较单一，均属辽河冲积平原，河道局部蛇曲发育。辽河上、中游平原区域第四系不整合于白垩系的砂岩、砂砾岩及泥岩地层之上，其分区岩性为：辽河河谷区基本以冲积、冲洪积物为主，表层岩性为薄层的亚沙土或淤泥质亚沙土，下部为中细沙、中砂含砾，厚度为 20 ~ 30m。

其中，①招苏台河、亮子河及清、寇河河谷区以冲积、冲洪积、坡洪积物为主，表层为厚度较为稳定的亚黏土、亚沙土，下部为中细沙、中砂含砾，厚度为 10 ~ 40m；②西部为冲湖积、冲积及风积物，表层的风积物为细沙粉细沙，下部为亚沙土、中细沙，厚度为 20 ~ 50m。

铁岭县养马堡地层从上至下依次为：粉细沙、淤泥质黏土、中粗沙、砾沙。

辽河下游平原区域位于新华夏系第二巨型沉降带的下辽河平原区自进入第四纪以来，持续整体下沉，成为全省第四纪松散堆积物的沉积中心。第四系沉积连续，层序齐全，成因复杂，厚度可观。在巨厚松散堆积物下，发育较为完整的第三纪地层。

辽中县满都户桥、毓宝台桥，台安县红庙子桥、大张桥，盘锦盘山闸附近、曙光桥各地层分层厚度及特征详见表 2-2、表 2-3、表 2-4、表 2-5。

表 2-2 铁岭县养马堡地层情况表

Tab. 2-2 The stratum characteristics of Yangma-bao of Tieling County

岩土名称	分层厚度（m）		特征
	右岸	左岸	
耕土		0.35	黑色、湿，由黏性土和粉细沙组成，含植物根茎，结构松散
粉土		1.2	灰黑色、很湿，含水量大于 30%，中密状态，切面无光泽，稍有摇振反应，干，强度韧性中等，含少量细沙
粉细沙	1.2	3.45	灰褐色，很湿—饱和，以稍密状态为主，局部松散状态，石英长石质混粒结构，以粉沙为主，颗粒均匀，局部含黏性土
淤泥质黏土	0.8	1.15	黑色，很湿，软塑状态，切面无光泽，干强度韧性低等，无摇振反应，含大量有机质，有臭味
粉沙	0.65		灰褐色，饱和，稍密状态，石英长石质混粒结构，颗粒均匀，局部含黏性土
中粗沙	4.4	3.85	灰褐色，饱和，中密状态，石英长石质混粒结构，颗粒级配一般，亚圆形，磨圆度较好
砾沙	2.95		灰褐色，饱和，中密状态，石英长石质混粒结构，颗粒级配一般，含砾石 10% ~15%，亚圆形，磨圆度较好

表 2-3 辽中县满都户桥、新民市毓宝台桥下游地层特性表

Tab. 2-3 The stratum characteristics about the lower of Mandu-hu bridge of Liaozhong County and Yubao-tai bridge of Xinmin County

地层	位置			
	满都户		毓宝台	
	分层厚度（m）	特征	分层厚度（m）	特征
耕植土	0.3	灰褐色，含大量植物根须，分布于河道表层，滩地附近分布较少	0.3	灰褐色，含大量植物根须，分布于河流右岸
粉质黏土			2.2	灰褐色，湿，可塑，仅分布于右侧局部
细沙	7.1 ~9	浅灰色，松散，稍湿，主要由石英、长石等组成		灰色，松散，稍湿，主要由石英、长石等组成
中沙	6 ~11.4	浅灰色，稍密—中密，湿—稍湿，主要由石英、长石等组成（本次勘测未穿透此层）	6.5	灰色，稍密—中密，饱和，松散，夹有少量细沙薄层，主要由石英、长石等组成
中沙				灰色，主要由石英、长石组成，饱和，稍密—中密

表 2-4 台安县红庙子桥、大张桥下游地层特性表

Tab. 2-4 The stratum characteristics about the lower of Hongmiao-zi bridge and Dazhang bridge of Taian County

地层	位置			
	红庙子桥		大张桥	
	分层厚度（m）	特征	分层厚度（m）	特征
黏质粉土	2.3～3.2	稍密，土质不均，分布于左岸岸上，河道滩地附近分布较少	0.5～1.5	主要分布于两岸耕地上，河道滩地附近无
细沙	2.1～7.8	黄褐色，松散，稍湿到饱和、主要由石英、长石等组成	1.2～6	黄褐色，松散，稍湿到饱和、主要由石英、长石等组成，局部夹有黄褐色粉质黏土
粉质黏土	1.6～2.2	黑褐色，硬塑，湿—稍湿，见于河道左岸岸上，河道滩地附近未见	0.8～6	上部为黑褐色，下部为青灰色，局部有黑褐色，可塑—硬塑，饱和
粉质黏土			1.5～4.6	青灰色，硬塑，饱和，局部区域分布
细沙	7.5～15.5	青灰色，中密，饱和，主要由石英、长石等组成	10.4～15.5	青灰色，中密，饱和，主要由石英、长石等组成

表 2-5 盘锦市盘山闸、曙光桥下游地层特性表

Tab. 2-5 The stratum characteristics about the lower of Panshan floodgate and Shuguang bridge of Panjin City

地层	位置				
	盘山闸		曙光桥		
	分层厚度（m）	特征	地层	分层厚度（m）	特征
淤泥质粉质黏土夹粉砂	2.5	黑灰色，软，局部夹粉土薄层	黏土夹粉质黏土	2.5～3.5	黑灰色，软—中等，局部夹粉土薄层
粉沙夹粉质黏土	6～7.5	局部夹粉土薄层，松散，局部中密	粉沙夹粉土	5.5～6	灰色，局部夹粉质黏土薄层，松散，局部中密
粉细沙	6.5（最大揭露厚度）	灰白色，中密，主要组成为石英、长石等	粉细沙	7（最大揭露厚度）	灰白色，中密，主要组成为石英、长石等

2.1.4 生态环境

辽河干流双台子河口国家级自然保护区是全国最大的湿地自然保护区，位于盘锦市

境内，距市区约30km，地处渤海辽东湾顶部双台子河入海处，地理坐标为东经121°30′~122°00′，北纬40°45′~41°10′，总面积12.8×$10^4$$hm^2$。双台子河口是目前世界上保存最好、面积最大、植被类型最完整的生态地块，其独特的地理环境，孕育了美丽怡人的湿地风光。草本植物126种之多，有绵延数百平方千米、面积居世界第一的芦苇荡，一望无际的天下奇观红海滩；野生动物有699种，国家一类保护鸟类有丹顶鹤、白鹤、白鹳、黑鹳4种，濒危物种黑嘴鸥等二百余种候鸟。始终如一的自然原始风貌，维系着生态平衡。

辽河干流共拥有鱼20类，辽河干流鱼类以环境耐受性强的小型鱼类鲫鱼和小野杂鱼餐条、彩鳑鲏为主，鱼类食性主要为杂食性，缺乏大型经济肉食性鱼类，已基本失去渔业价值。与20世纪70~80年代的鱼类调查结果相比较，辽河鱼类的种类以及数量急剧减少，约为原来种数的1/3，鱼类种类组成丰富度低，营养结构单一，优势种数量可占到群落生物量的80%以上，多为小型耐污种类。底栖动物也同样表现出种类数大为减少，以中污染水体指示种为主。总体来看辽河水体生态系统结构已遭到损害，较为脆弱。

辽河流域生物种类与丰度均急剧下降。从1980年到2009年，流域内维管束植物由500多种减少到157种，鱼类由37种减少到9种，鸟类由45种减少到9种，野生哺乳动物由11种减少到5种，两栖动物由18种减少到5种左右。目前，国家二级保护植物野大豆仅有30多个种群，珍稀物种面临严重威胁，而外来生物入侵严重，辽河保护区内已发现外来入侵生物有21种，辽河生态系统遭到极大破坏。

2.2 辽河干流人文环境特征研究

辽河干流地区资源丰富，人口密集，城市集中，工业发达，交通方便，是我国重要的工业、装备制造业、能源和商品粮基地，在东北乃至全国的经济建设中都占有极为重要的地位（表2-6、表2-7）。在国务院最新批复的沈阳经济区规划中，就有沈阳、鞍山、铁岭等3座大中型城市在该区域内；位于沿海经济带的全国第三大油田——辽河油田和素有鹤乡油城之称的盘锦市也坐落在该区域内；京哈高速公路、秦沈客运专线、哈大高速铁路、京沈高速铁路等多条国家级交通干线与辽河交汇。

表2-6 辽河流域现状年人口统计表

Tab. 2-6 Conditioning of the demographic statistics of year about Liaohe River Basin

分区		人口（万人）			城镇化率（%）	人口密度（人/km²）
		总人口	城镇	农村		
辽河流域	西辽河	641.90	221.70	420.20	34.54	47.48
	东辽河	243.73	102.24	141.49	41.95	234.36
	辽河干流	931.85	366.70	565.15	39.35	193.33

表 2-7　辽河流域现状年农业指标统计表

Tab. 2-7　Conditioning of the agriculture statistics of year about Liaohe River Basin

分区		耕地面积（万亩）	农田有效灌溉面积（万亩）	农田实灌面积（万亩）		粮食产量（万 t）	人均粮食产量（t/人）
				合计	其中水田		
辽河流域	西辽河	3 301.98	1 414.95	1 397.55	82.58	716.07	1.12
	东辽河	679.71	173.23	172.46	106.56	401.92	1.65
	辽河干流	2 664.42	668.54	615.46	327.00	982.41	1.05

辽河干流自北向南跨越辽宁省铁岭市、沈阳市、鞍山市和盘锦市 4 个行政市，14 个县（区），68 个乡（场），共涉及 286 个行政村。辽河干流两侧基本修建了辽河大堤，大堤外侧皆有县级以上公路连通，交通和通讯条件总体较好，可为保护区建设和管理提供基本交通条件。辽河干流流经的铁岭 4 县中，昌图县的农业比重较大，粮食单位面积产量最高，但农民的人均收入却相对较少，而靠近铁岭市银州区的农民收入相对较高。沈阳地区农民经济状况要略好于铁岭，其主要特点与铁岭相似，即越靠近城市区，农民收益越高。鞍山地区单位面积产量低于铁岭和沈阳地区，但农民全年纯收入均高于铁岭市和沈阳市。盘锦市区的农业种植业主要以水稻为主，单位面积产量要明显高于铁岭、沈阳和台安 3 个地区，加上芦苇等副业的收入，盘锦市农民全年人均纯收入9 826.6元。

2.3　辽河干流河道特征与防洪工程

2.3.1　辽河干流河道特征

辽河干流自福德店至河口，干流区间流域面积 31 938km^2，流经铁岭、沈阳、鞍山、盘锦等四市［含昌图、开原、银州区、铁岭县、康平、沈北新区、法库、新民、辽中、台安、盘山、大洼、兴隆台、双台子 14 个县市（区）］。辽河干流福德店（东西辽河汇合口）至河口之间，共有一级支流及排干 36 条（含东西辽河）。

其中，流域面积小于 100km^{2}的一级支流及排干 12 条；流域面积大于 100km^{2}以上的一级支流及排干 24 条；流域面积 5 000km^{2}以上的大型河流 4 条，即东辽河、西辽河、绕阳河和柳河；流域面积 1 000 ~5 000km^{2}的中型河流有 7 条，具体为：公河、招苏台河、清河、柴河、汎河、秀水河、养息牧河；流域面积 100 ~1 000km^{2}的小型河流 11 条，具体为：亮子河、王河、中固河、长沟子河、拉马河、长河、左小河、太平河、燕飞里排干、付家窝堡排干、接官亭排干。辽宁省境内辽河干流河道基本特性见表 2-8。

表2-8 辽宁省境内辽河干流河道基本特性表

Tab. 2-8 Characteristics of river course about the main stream of Liaohe River in Liaoning province

河段	河长（km）	河宽（m）	比降（‰）	区间支流及排干
福德店—清河口	126.9	30~300	0.21	东辽河、西辽河、招苏台河、和平乡小河子河、清河、公河、亮子河、王河
清河口—石佛寺	75	45~450	0.19	业民镇1小河、业民镇2小河、平顶堡小河、梅林河、柴河、汎河、中固河、长沟子河、亮沟子河、拉马河
石佛寺—柳河口	99.7	65~320	0.19	柳河、秀水河、养息牧河、长河、左小河、付家窝堡排干、燕飞里排干、三面船小河子、南窑村小河
柳河口—卡力马	55.4	65~350	0.17	
卡力马—盘山闸	116.5	75~320	0.12	
盘山闸—河口	64.4	105~1369	0.07	绕阳河、小柳河、一统河、螃蟹沟、吴家排干、太平总干、清水河排干、潮沟河、接官厅排干

左侧汇入的主要支流有招苏台河、清河、柴河、汎河等，是辽河干流洪水的主要来源；右侧汇入的主要支流有秀水河、养息牧河、柳河、绕阳河等，属多泥沙河流，是除西辽河以外辽河干流主要泥沙来源（表2-9）。

表2-9 辽河干流主要支流特性表

Tab. 2-9 Characteristics of main tributary about the main stream of Liaohe River

支流名称	岸别	河长（km）	比降（‰）	流域面积（km^2）	各类地形面积比例情况（%）			
					山区	丘陵	平原	沙丘
招苏台河	左	212	0.59	4 583	11	59	30	0
清河	左	171	2.41	4 846	87	1	12	0
柴河	左	143	3	1 501	98	0	2	0
汎河	左	108	3.33	1 000	67	11	22	0
秀水河	右	184	1.1	3 002	5	25	41	29
养息牧河	右	107	1.56	1 861	6	21	61	12
柳河	右	253	3.33	5 791	42	32	12	14
绕阳河	右	290	0.3	10 438	14	29	57	0

辽河干流各河段基本情况如下。

辽河福德店—清河口河段长约126.9km。1965年以前西辽河来水来沙较多，河道偏淤，1965年后西辽河来沙减少，河道转为偏冲。河道平面形态，弯曲段与顺直段交替，河床中有犬牙交错的边滩，平均河宽150m（30~300m），弯曲系数1.56~1.58，宽深比2.5~10.9，河床比降0.21‰，属蜿蜒型河道。河岸为松散二元结构，不耐冲刷，塌岸严重，河道多摆动。两岸堤距1 200~3 000m。

清河口—石佛寺段河长约75km。河道两岸多为连绵丘陵，支流发育，左侧的清、柴、汎诸河均在本河段汇入，河道平面形态蜿蜒曲折，边滩交错，平均河宽250m，河床比降0.19‰，河道冲淤变化基本平衡，河道较为稳定。

石佛寺—柳河口段长约99.7km。河道平面摆动幅度较大，约3~5km，历史上造成多处自然裁弯，平均河宽200m，河床比降0.19‰，但在柳河口附近因受泥沙淤积上延影响，比降略有变缓。

柳河口—卡力马河段长约55.4km，因受柳河泥沙淤积影响，河床逐年抬高，平均河宽240m，河床比降0.17‰，河槽宽浅，宽深比为7.54~37.42，具有游荡性河道特征，主槽摆动频繁，河道不稳定，险工多，险情重。

卡力马—盘山闸河段长约116.5km，平均河宽200m，河床比降0.12‰，受上游来沙及下游盘山闸长期关闸蓄水的影响，河床逐年淤高，以卡力马—六间房河段及盘山闸附近较为严重，该段河床横向摆动较小，平面变化不大。

柳河多年平均进入辽河沙量为702×10^4t/年，大部分都淤积在柳河口以下河道内。1968年以来曾发生过柳河来沙遭遇辽河枯水，淤塞辽河河道的现象。目前柳河口—六间房河段已形成地上河。

盘山闸—河口段长64.4km，为感潮河段。平均河宽为230~780m，河床比降0.07‰，河槽属窄深型。

辽河流经辽宁省的铁岭、沈阳、鞍山、盘锦4市及部分所属县镇，但仅从铁岭和盘锦市区内穿过，其他城市则距河较远。

2.3.2 辽河干流防洪工程

2.3.2.1 堤防工程

表2-10 辽河干流现状堤防情况表

Tab. 2-10 Conditioning of the dike about the main stream of Liaohe River

河段	堤防长度（km）			防洪标准		平均堤顶宽	堤防迎/背水坡比
	左岸	右岸	合计	现状	规划		
福德店—清河口	69.47	71.84	141.31	30	50	5.2	1:2.5/3.5
铁岭城防段	13.9	0	13.9	30	100	5	1:2.5/3.5
清河口—石佛寺库末（未含铁岭城防段）	20.74	28.97	49.71	30	50~100	5	1:2.5/3.5
石佛寺库区	4.44	3.37	7.81	30~100	50~100	5.3	1:2.5/3.5
石佛寺—盘锦城防上边界	198.06	188.66	386.72	100	100	5.8	1:2.5/3.5
盘锦城防段	21.46	22.54	44.0	50	100	6	1:6.0/3.5
盘锦城防上边界—河口	6.66	7.79	14.45	30	50	6	1:2.5/3.5
总计	334.73	323.17	657.9		50~100	5.2~6.0	1:2.5/3.5

辽河干流现状堤防是1987—1991年整治加固后形成的（表2-10）。自福德店至河口共有堤防全长657.9km，其中，左岸堤长334.73km，右岸堤长323.17km。

福德店—清河口段干流堤长141.31km，其中，左岸69.47km，右岸71.84km。堤距860~3 481m，堤防现状防洪标准为三十年一遇，保证流量2 600~3 040m^3/s，堤顶宽6.0m，平均堤高4.0m，边坡系数1:2.5（迎水坡）及1:(3.5~5.0)（背水坡）。堤防保护农田面积为352km^2。

清河口—盘山闸段干流堤防总长469.58km，其中，左堤长243.38km，右堤长226.20km。保护农田面积3 153km^2，堤距847~5 668m。

其中，石佛寺坝下—盘山闸段防洪能力为百年一遇，保证流量5 000~5 500m^3/s。堤顶宽6.0m，平均堤高7.49m，堤防高度超过6.0m的堤段背水坡设2.0m宽戗台（坝顶下6m处）。迎水坡1:2.5，背水坡（1:3.5）~（1:5.0）（沙土）。堤顶超高2.0m，其中，石佛寺—红庙子桥段左堤及沈北大堤段超高为2.5m。

盘山闸—河口段，堤防总长47.01km，其中，左堤21.88km，右堤25.13km，堤距1 820~2 700m，保护耕地面积259km^2。

2.3.2.2 水库工程

辽河干流及主要支流在辽宁省境内现已建成6座水库工程。分别是：辽河干流上建成的石佛寺水库；清河及其支流叶赫河上建成的清河和南城子水库；支流柴河上建成的柴河水库；支流汎河上建成的榛子岭水库；支流柳河上建成的闹德海水库。在东西辽河上主要有红山水库、二龙山水库等。

红山水库位于老哈河内蒙古境内，设计总库容25.60×10^8m^3，是一座以灌溉为主，兼顾防洪、发电、养鱼的大型水库，于1965年竣工并投入使用。

二龙山水库位于东辽河吉林省境内，设计总库容17.62×10^8m^3，是一座以防洪、除涝、灌溉为主，结合城市供水、发电、养鱼等综合利用的大型水利工程，于1943年建成。

石佛寺水库是辽河干流唯一的一座大型控制性水利枢纽工程，石佛寺水库一期工程位于辽河干流，坝址控制面积16.48×10^4km^2，水库以防洪、供水为主要任务，按百年一遇洪水设计，三百年一遇洪水校核，总库容1.85×10^8m^3，调洪库容1.6×10^8m^3。石佛寺水库是一座滞洪型水库，其主要任务是将辽河石佛寺以下的防洪标准由现状的三十年一遇标准提高到百年一遇，水库1999年开工建设，2005年竣工投入运行。

清河水库位于辽河左岸支流清河下游，坝址控制面积2 376km^2，占清河流域面积的49%。水库以防洪、灌溉为主要任务，按千年一遇洪水设计，万年一遇洪水校核，总库容9.71×10^8m^3，调洪库容4.27×10^8m^3。清河水库是一座以防洪、灌溉为主，工业供水、养鱼等综合利用的大型水利枢纽工程。清河水库于1958年5月3日兴建，1960年主体工程基本竣工。

南城子水库位于清河支流叶赫河下游，总库容为2.35×10^8m^3。是一座以防洪、灌溉为主、兼顾发电、养殖、城市供水等综合利用的大型水利枢纽工程。南城子水库于1958年8月开工，1965年12月竣工。

柴河水库位于辽河干流中游左侧一级支流柴河上，坝址控制面积1 355km^2，占柴河流域面积的90%。水库以防洪、灌溉为主要任务，按百年一遇洪水设计，可能最大洪水校核。总库容6.36×10^{8}m^3，调洪库容3.52×10^{8}m^3。柴河水库是一座以防洪灌溉为主，结合养殖、发电及工业城市供水的大型水利枢纽工程。柴河水库于1972年10月组织施工，1974年11月基本建成。

榛子岭水库位于辽河一级支流汎河上游，坝址控制面积369km^2，占汎河流域面积的37%。水库以防洪和灌溉为主要任务，按百年一遇洪水设计，可能最大洪水校核。总库容2.10×10^{8}m^3，调洪库容为0.93×10^{8}m^3。榛子岭水库是以防洪、灌溉为主，养鱼、发电为辅的综合利用的大型水库。榛子岭水库于1975年2月开工兴建，1976年11月主体工程基本竣工。

闹德海水库位于辽河一级支流柳河上游，坝址位于辽宁省彰武县满堂红乡，坝址控制面积4 051km^2，大坝原为混凝土拦沙堰，主要任务是滞洪拦沙，1965年在拦沙堰坝顶加高混凝土墙3.5m。总库容2.23×10^{8}m^3，调洪库容2.23×10^{8}m^3，为年调节水库。水库主要任务是滞沙、滞洪，同时采取蓄清排浑运用方式，为阜新城市供水以及为辽河下游的盘锦地区的农业灌溉补充水源。水库工程于1938年开工，1942年竣工，是日伪时期兴建的水库。

2.3.2.3 拦河枢纽工程

盘山闸为辽河干流最下游的枢纽建筑物，位于下游感潮河段末端，闸址距河口57.3km。设计正常挡水位为3.8m，相应容积为1 920×10^{4}m^3。盘山闸主要任务是防止潮水倒灌、抬高水位、调蓄水量，并为3.91×10^{4}hm^{2}水田和4.33×10^{4}hm^{2}苇田提供灌溉用水。

近年来辽河流域遭遇持续干旱，水量偏少，径流量明显减少，出现了连续枯水年，甚至出现断流现象，河流生态系统退化。针对这一实际情况，为了改善辽河干流河道生态环境，加快辽河干流河道生态工程建设，在辽河干流开展了以生态抗旱临时蓄水工程为主的河道生态工程建设，即在辽河干流重点河段修建了11座橡胶坝。辽河干流修建橡胶坝基本情况见表2-11。

表2-11 辽河干流修建橡胶坝一览表

Tab.2-11 Condition of the rubber dam about the main stream of Liaohe River

序号	橡胶坝名称	所属地区	位置
1	通江口公路桥下橡胶坝	法库县	桥下530m
2	哈大高速铁路2桥下橡胶坝	开原市	桥下1 590m
3	铁法铁路桥下橡胶坝	铁岭市银州区	桥下430m
4	新调线公路桥下橡胶坝	铁岭县	桥下1 000m
5	马虎山公路桥下橡胶坝		桥下1 200m
6	巨流河公路桥下橡胶坝	新民市	桥下690m

续表

序号	橡胶坝名称	所属地区	位置
7	毓宝台公路桥下橡胶坝		桥下 860m
8	满都户公路桥下橡胶坝	辽中县	桥下 820m
9	红庙子公路桥下橡胶坝	台安县	桥下 2 050m
10	大张公路桥下橡胶坝		桥下 800m
11	曙光公路桥下橡胶坝	盘锦市	桥下 400m

2.4 辽河干流河道演变与发展趋势研究

2.4.1 河道历史演变

据史料记载，汉唐间辽河水系情况比较单一，以后随着海退陆地延伸，河道分合变迁，逐渐分出大凌河、绕阳河、浑河、太子河等几个水系。汉唐至辽金元的一千几百年间，辽河干流走向大致相同，变迁不很明显。根据林汀水及陈连开编写的《辽河平原水系的变迁》大致把辽河的演变分为三段叙述。

第一段为三江口—新民段。根据《清史稿·地理志》中记载，清代东、西辽河在三江口汇合，截至19世纪30年代末，汇合口下移至古榆树附近，这在1940年出版的《现代本国地图》中有明确指出。从19世纪50年代初至今，东、西辽河的汇合口下移至福德店。辽河铁岭河段，据乾隆年间的《盛京通志》卷25所载，有内、外辽河分流于下塔子。但是在明朝时的著作记载，河道只有一支。因此可以断定，辽河在清初时发生过分流，之后原主流逐渐断流，才使辽河又变为单股。

第二段为新民—牛庄河段。《汉书·地理志》辽东郡望平县原注："大辽水出塞外，南至安市入海，行千二百五十里"。《水经》《郦注》有"过辽东郡襄平县西"之说。汉时辽东望平县在今新民安平堡以南大古城子，安市在今海城东南十五里的英城子，汉襄平遗址在今辽阳市老城区，可见汉唐时，辽河下游在今辽阳附近小北河—小河口段太子河，然后向南在海城附近入海。唐人雍叡也说过：辽河在辽东城（今辽阳）西八十里。金人许亢宗《奉使行程录》也称：辽河在旧广州（今大高花堡）西五十里。现在辽河距大高花堡六十里。这在《辽东志》中也可以得到印证。其中，指出辽河流经现辽阳附近的太子河段。在《辽事实录》总略三岔河条和《明史·熊廷弼传》称辽河经黄泥洼，《海城县志》卷3称牛庄小姐庙在辽河南岸，诸如此类的记载，都说明古辽河确实经过今天的蒲河和太子河。

第三段为牛庄—营口市河段。综观《水经》《水经注》和杜佑《通典》的记述，早期的辽河当从辽阳、鞍山西至海城附近入海。随着辽河口的西迁，至金时，入海口移于牛庄。根据《东北县治纪要》一书中的论断：清朝道光之前，营口市尚属海岛，直到道光初年，由于辽河泥沙逐年淤塞，才使营口和大陆连成一片。至此辽河自营口入海。《奉天通志》卷70载，清咸丰十一年（1861年）“辽水盛涨，右岸冷家口溃决，顺双台子潮沟刷成新槽，分流入海，是为减河之起始……”。光绪二十年（1894年）疏浚开挖新河30里，双台子河凿通。至此辽河水系有两个入海口，一从营口大辽河（即外辽河）入海，一从盘山双台子河入海。新中国成立后1958年为了使辽干和浑、太河洪水能分别畅排入海，也为了满足三岔河地区的排涝要求，在六间房堵截外辽河，将辽河干流来水全部引向双台子河从盘山入海。至此，辽河又完成一次大的西迁（熊敬东，2005）。

辽河口门自汉代在海城附近西迁到今天位置有70km之遥，口门附近海岸线也向西南推进了45km左右，形成了如今宽广的辽河三角洲平原。辽河频繁西迁的原因，一方面是辽河多沙，不断抬高河床，泛滥改道所致，西侧正好是退海沼泽低地可以堆放泥沙；另一方面则受构造因素控制，辽东丘陵隆起和辽河平原北部抬升，迫使辽河只能向西发展，当时辽河口西侧是渤海辽东湾伸入大陆架的浅海部分，辽河向西可以缩短入海里程，加大河道比降，便于输送泥沙；三是地球自转偏力作用（哥里奥里斯力在北半球总是偏于水流运动方向的右方），辽河自北向南流，即有向西甩的倾向（熊敬东，2005）。

2.4.2 辽河干流近期演变及趋势

根据辽河干流河道特性分为3个河段进行分析，即福德店—清河口河段、清河口—柳河口河段、柳河口—盘山闸河段。

2.4.2.1 福德店—清河口

（1）平面形态演变及趋势

福德店—清河口为蜿蜒性河道，弯道较多且连续，弯道平面摆幅较大。通过1977年、1987年、2000年以及2006年河道平面套绘，发现该河段蜿蜒曲折的程度不断加剧，河长不断增加。弯道凸岸淤长而凹岸崩退，会发生弯道自然裁弯。通过凹岸不断崩退，弯道平面摆幅增加，也会发育新的弯道。由于弯道凹冲凸淤等持续发展、弯道自然裁弯等突变，一个弯道发生改变，下游多个弯道随即发生改变。

通过1977年、1987年河道平面图套绘分析，在南城高家、北腰窝堡发生自然裁弯。通过1987年、2000年河道平面图套绘分析，在后廖家坨子、焦和家发生自然裁弯。后廖家坨子发生裁弯引起下游弯道连续发生变化，一直到太平山为止，焦和家裁弯影响下游弯道变化至周家网。2006年较2000年河道平面基本未发生变化。

经分析，辽河干流福德店—清河口的蜿蜒曲折程度将继续增加，由于河岸土壤抗冲能力很差，弯道凹冲凸淤的演变将一直持续，而形成急剧河环和狭颈的弯道，极易发生自然裁弯。

（2）纵向变化及趋势

该河段1965年以前偏淤，1960年建成老哈河红山水库后，由于红山水库拦沙作用，河道减沙明显，自1965年以后该河段偏冲，而且冲刷一直延续至今。该河段纵向仍将继续表现为冲刷，河床将持续下切。

2.4.2.2 清河口—柳河口

(1) 平面形态演变及趋势

清河口—柳河口为蜿蜒性河道，由于两岸为低山丘陵、河岸土质较紧密，河道平面形态整体较稳定，局部弯道发展，凹岸蚀退。通过 2000 年、2006 年河道平面图套绘分析，在东滩弯道自然裁弯。

该河段如不遇大水，将不会发生剧烈的造床运动，则河道平面将继续保持稳定状态。

(2) 纵向变化及趋势

该河段 2006 年较 1982 年主河槽以下切为主，平均下降 1.65m。

该河段 2010 年主河槽较 2006 年在秀水河口以上、秀水河口以下分别发生下切、淤高不同的变化。清河口—秀水河口河床以下切为主，平均下降 1.13m。该河段右侧支流有秀水河、养息牧河，秀水河彭家堡测站、养息牧河小荒地测站多年平均年输沙量分别为 26.2×10^4t、52.6×10^4t。由于近几年为辽河枯水期，水量减少，辽河干流由支流挟带而来泥沙无法输移，则秀水河口—柳河口发生淤高，平均抬高 1.4m。

清河口—马虎山河段纵向多年变化为冲淤基本平衡，但 2010 年最深河底较 2006 年主槽平均下切 1.3m，该段为现状采沙集中河段，近几年辽河为枯水年，河床下切不是由于大水冲刷造成的，则清河口—马虎山采沙河段河底高程下降主要是人为采沙影响的。

该河段秀水河口以上河道不受外界影响，自身纵向演变趋势为基本冲淤平衡，而秀水河口以下遇枯水期时河道持续偏淤。

2.4.2.3 柳河口—盘山闸

(1) 平面演变及趋势

柳河口—卡力马为游荡性河道，主槽摆动不定，卡力马—盘山闸为蜿蜒性河道，河道平面形态较稳定。

通过 1977 年、1987 年河道平面图套绘分析，胡家屯、孟家弯道发生自然裁弯。通过 1987 年、2000 年河道平面图套绘分析，冷家窝堡、沟稍子、双桥子发生自然裁弯。2006 年较 2000 年胡家屯、新高家弯道发生自然裁弯。

柳河口—卡力马游荡特性不变，主槽将继续频繁摆动，而卡力马—盘山闸河道较稳定。

(2) 纵向变化及趋势

2006 年较 1982 年滩地普遍发生淤积 0.3 ~ 0.5m，其中，卡力马—六间房河段、盘山闸上游河段淤积最为严重，平均淤高 1m。

2010 年河道滩地较 2006 年滩地未发生变化，而主槽改变。柳河口附近河段、盘山闸附近河段淤积，且主槽缩窄，柳河口附近最深河底平均抬高 2m，盘山闸附近平均抬高 1m。

柳河新民站多年平均输沙量为 702×10^4t，由于柳河携带大量泥沙入汇，以及盘山闸长期关闸蓄水缘故，柳河口至盘山闸河床逐年抬高，尤其以卡力马—六间房、盘山闸附近淤积严重，该河段河床纵向变化仍将不断淤积。

2.5 辽河干流洪水灾害

辽河两岸的冲积平原属东北平原的一部分，历史上地广人稀，夏季河水经常出槽，沿河地带有“辽泽”、“辽海”之称谓，即使遭遇洪水泛滥，灾害并不突出。至清朝后期，辽河沿岸平原区渐被垦殖，人口聚集，每遇洪水泛滥，造成灾害，淹没庄稼，冲毁民房。

1949 年以来，水利部门对辽河流域干、支流洪水进行过多次调查、整编，各主要河段近百年来发生的大洪水已基本查清。辽河流域各主要河流如老哈河、东辽河、辽河中下游、柳河都曾发生过百年以上的特大洪水。

随着辽宁省辽河流域防洪体系的基本建成和逐步完善，尤其在辽河上游东部山区建成清河、柴河、榛子岭、南城子水库、干流建成石佛寺水库后，辽河下游防洪标准大大提高，河道防御洪水能力进一步增强，新中国成立后至今有八次较大洪水给辽河干流地区造成了严重经济损失，灾情较重的有 1951 年、1953 年、1985 年、1995 年和 2010 年。辽河干流主要测站洪水调查成果见表 2 - 12。

2.5.1 1951 年洪水

1951 年 8 月在辽河支流清河流域以西丰、开原一带为中心降下特大暴雨，西丰 3 日降雨量 440mm。暴雨造成了清河、寇河山洪爆发，同时，浑河也发生洪水，造成了辽河干流特大洪水。8 月 14 日，暴雨中心位于开原一带，开原老城 14 个小时降雨 273mm，清河开原老城站洪峰流量达 12 300m^3/s。辽河、清河、浑河、太子河水势猛涨。8 月 15 日，辽河铁岭站最大洪峰流量达 14 200m^3/s，均为有记载以来历史最大洪水。15 日洪峰到达沈阳北部，17 日到达新民，23 日到达三岔河。浑河 15 ~ 16 日也出现最大洪峰。由于辽河、柳河、浑河都相继出现大洪水，水量集中，来势迅猛造成干流及主要支流漫堤决口 570 多处，其中，辽河 180 处，清河 81 处，太子河 8 处，浑河 23 处，蒲河 38 处。沿河两岸受灾地区一片汪洋，大水持续数日不退，这次洪水波及 33 个市县，淹没面积5 264km^2，使辽河下游广大平原地区的工农业生产及人民的生命财产受到严重的损失。据当时的辽东、辽西、热河、沈阳四个省、市（现辽宁省部分）统计，受灾人口 94×10^4 人，死亡 6 000 多人，受灾面积 4 930km^2,成灾面积 4 400km^2，倒塌房屋 14.45×10^4间，损失粮食 43×10^4t，冲毁公路 400km。洪水冲毁了沈山、长大铁路干线，使铁路中断停运达 40 余天，经济损失 6×10^8元（当年价）。

表2-12 辽河干流主要测站洪水调查成果表

Tab. 2-12 Survey results of flood in the main stations about the main stream of Liaohe River

河名	站名	序号	1	2	3	4	5	6	首位历史洪水考证期
辽河	福德店	年份	1890	1945	1986	1949			109
		Qm	3 680	2 660	1 950	1 900			
	通江口	年份	1890	1906	1917	1945	1986		109
		Qm	6 910	4 530	3 930	3 590	2 360		
	铁岭	年份	1951	1953	1886	1917	1856	1911	143
		Qm	14 200	11 800	8 740	——	——	——	
	石佛寺	年份	1951	1953	1886	1911	1917	1909	143
		Qm	11 700	11 600	——	——	——	——	
清河	清河	年份	1951	1995	1856	1953			143
		Qm	6 450	5 330	——	4 760			
柴河	柴河	年份	1917	1995	1886	1853			113
		Qm	3 500	2 870	——	2 300			
汎河	张家楼子	年份	1888	1937	1953	1935	1917		111
		Qm	——	2 700	2 390	2 010			
柳河	闹德海	年份	1963	1894	1930	1917	1949	1915	105
		Qm	1 820	——	——	——	——	——	

2.5.2 1953年洪水

1953年8月以清河为中心普降大暴雨，同时，太子河、绕阳河、辽河干流区间也普降暴雨、大雨，3日降雨量均在200mm以上。暴雨中心位于开原甘泉子，3日降雨量高达353.5mm。由于暴雨频繁，洪峰继起，又使辽河发生仅次于1951年的特大洪峰，绕阳河也产生大洪水，洪水复沿1951年旧路向下淹没沿岸广大地区，使铁岭、开原、法库、新民、沈阳北部郊区、辽阳、海城、台安、盘山等30余市县遭受水灾，淹没面积5 622km^2，受淹耕地1 970km^2，受灾人口98.5×10^4人，倒塌房屋12.9×10^4间，损失粮食48×10^4t，经济损失总计为5.8×10^8元（当年价）。

2.5.3 1985年洪水

1985年8月由于连续多次台风登陆，造成多次暴雨，形成峰小量大的洪水，铁岭站以下洪峰在2 000m^3/s左右，虽然干流洪峰流量不大，由于河道淤积及人为设障影响，河道洪水位很高，加上洪峰次数多，洪水持续时间长，内水不能外排，外洪内涝，堤防决口，造成严重洪涝灾害，洪水淹没面积312km^2，受灾耕地160km^2，受灾人口7.1×10^4人，倒塌房屋1.2×10^4间，损失粮食9×10^4t，洪水造成辽河油田大范围停产，按当年价格水平计算，经济损失1.9×10^8元（当年价）。

2.5.4 1995年洪水

1995年，辽河发生仅次于1951年、1953年的大洪水，经支流清河水库、柴河水库调蓄，干流铁岭水文站洪峰流量4 420m^3/s，如无清河、柴河两座水库，还原流量可达7 670m^3/s，马虎山站洪峰流量4 950m^3/s，巨流河站洪峰流量4 670m^3/s，辽中站洪峰流量4 600m^3/s，六间房站洪峰流量4 300m^3/s，盘山闸洪峰流量4 050m^3/s。1951 年、1953 年辽河堤防到处漫决，因此，1995 年巨流河站以下辽河干流洪峰为新中国成立以来第一位大洪水。

2.5.5 2010 年洪水

2010 年辽宁省共遭受6 次强降水，其中，4 次强降水过程对辽河干流地区影响较大。7 月 21 日铁岭水文站实测洪峰流量 1 970m^3/s，马虎山水文站 7 月 23 日实测洪峰流量 2 580m^3/s。据初步统计，受强降水和洪水影响，辽河干流堤防出现损毁 29 处，出现 2 614处雨淋沟及多处管涌和散渗堤段，总长度 76.11km；新增险工险段 13 处；辽河保护区近几年已建成和正在实施的辽河生态工程遭到了不同程度的淹没损毁，其中，淹没管理路620.1km，冲毁管理路255.7km；正在建设的橡胶坝工程施工围堰、临时进场路、导流明渠等临时工程冲毁，基坑淹没；已经建成的橡胶坝部分坝袋进水、机电设备被水浸泡。据估算，总经济损失约 2.2×10^8元。

本章小结

本章首先分析了辽河流域气候、地貌、地质、水文地质和生态环境条件，明晰了辽河流域自然地理条件有利于河流泥沙的产生。同时，分析了辽河流域人文环境条件，明确了流域内主要人文特征。另外，通过对辽河干流河道特征的分析，明确了河流不同河段特点。通过对辽河干流防洪工程情况的分析，明确了河道堤防、流域内水库及其他拦河枢纽工程的情况，为河流输沙水量人为调控研究奠定了基础。在以上基本情况分析的基础上，分析了辽河干流河道历史演变过程。同时，对辽河干流福德店—清河口、清河口—柳河口、柳河口—盘山闸分 3 个河段进行了河道在水平方向与纵向近期的演变分析。结果表明，福德店—清河口河段近期在水平方向上蜿蜒曲折程度不断加剧，河长不断增加。在未来一定时期内其蜿蜒曲折程度将继续增加。在纵向上自上游红山水库修建后该河段处于冲刷状态，在未来一定时期内，纵向仍将继续表现为冲刷，河床将持续下切；清河口—柳河口在水平方向近年来一直保持基本稳定，在未来一定时期不遇大洪水情况下其稳定状态可持续保持。在纵向上秀水河口以上近年来发生河道下切，在未来一定时期内其下切趋势将减缓，逐步保持稳定状态。秀水河口以下近年来有一定淤积，部分河段下切为挖沙所致，未来一定时期内遇枯水期时河道将持续偏淤；柳河口—盘山闸在水平方向柳河口至卡力马段河道游荡，卡力马至盘山闸河道较稳定，在未来一定时期内这种趋势将持续保持。纵向上该河段基本保持持续淤积状态，未来一定时期内持续淤积状态不会改变。最后，本章对辽河干流近几十年来几次特大洪水灾害情况进行了总结。

3 辽河干流径流与泥沙特性研究

3.1 辽河干流径流与地表水资源特征研究

3.1.1 辽河干流径流特征研究

辽河中下游地区径流补给主要来自降水，所以径流在地区分布、年际变化、年内分配上与降水较为一致。

据水文站资料统计，辽河径流的丰枯变化较大，辽河干流通江口、铁岭、巨流河3座水文站历年天然最大径流量分别为5 650 $\times10^6m^3$、9 470 $\times10^6m^3$、11 120 $\times10^6m^3$。历年天然最小径流量分别为262 $\times10^6m^3$、707 $\times10^6m^3$、805 $\times10^6m^3$，年最大径流量与年最小径流量的比值分别达到了21.6、13.4、13.8。径流量的年内分配也极不均匀，从多年平均径流量年内分配来看，7月、8月径流量基本都占到全年径流总量的50%以上，各控制站年径流分配情况见表3-1。

表3-1 辽河多年平均年径流量年内分配表

Tab.3-1 The annual distribution of mean runoff about Liaohe River

控制站	百分比（%）												
	1月	2月	3月	4月	5月	6月	7月	8月	9月	10月	11月	12月	7~8月
通江口	0.4	0.2	2.1	7.6	4.3	6.9	17.7	32.3	16.4	7.6	3.4	1.1	50.0
南城子	0.5	0.4	3.4	4.4	4.3	8.8	19.9	36.7	12.7	5.0	2.8	1.1	56.6
清河	0.6	0.5	3.3	4.5	4.5	9.8	20.1	33.1	13.4	5.6	3.3	1.3	53.2
柴河	0.7	0.6	4.7	5.7	5.2	8.9	20.5	30.2	12.2	5.8	4.0	1.5	50.7
铁岭	0.6	0.4	2.6	6.3	4.0	7.6	18.3	33.2	15.5	6.8	3.4	1.3	51.5
榛子岭	0.6	0.5	4.1	5.3	4.6	8.3	23.8	32.0	11.1	5.4	3.1	1.3	55.8
石佛寺	0.6	0.4	2.7	5.6	3.9	7.5	18.0	33.4	16.0	6.9	3.6	1.4	51.4
巨流河	0.7	0.5	2.5	5.8	3.9	7.3	16.9	33.4	16.5	7.1	3.8	1.6	50.3
朱家房	0.7	0.4	2.8	6.3	4.0	6.9	16.3	33.1	16.9	7.2	3.9	1.5	49.4

辽河流域的洪水由暴雨产生，受暴雨特性的制约，洪水有80%~90%出现在7月、8月，尤以7月下旬至8月中旬为最多。一次洪水历时为7d左右，主要集中在3d，双峰

型洪水历时为13d左右，两峰间隔3～4d。

福德店以上洪水主要来自东、西辽河。通江口以上洪水主要来自福德店以上，约占70%。铁岭、石佛寺的洪水主要由通江口以下区域产生，该区域洪水占70%～90%，尤以左侧的清河、柴河、汎河为主，特大洪水年份更是如此。石佛寺以下先后有右侧支流秀水河、养息牧河和柳河相继汇入，石佛寺以上洪水与上述支流洪水基本不遭遇，石佛寺以下大洪水主要来自石佛寺以上地区（表3-2）。

经水文站数据统计分析，秀水河和养息牧河洪水较小，一般都先于干流洪水下泄。柳河闹德海水库以上虽然也发生过特大洪水，但与清河、柴河、汎河地区洪水均未同时发生，经闹德海水库调蓄后与干流更不遭遇。根据水文站实测资料统计，石佛寺以下辽河干流同次洪水具有洪峰沿程递减关系。统计分析各段折减系数分别为石佛寺—巨流河为1∶1、巨流河—卡力马为1∶0.95、卡力马—盘山闸为1∶0.95。

表3-2 辽河干流各控制站设计洪峰组合流量表（单位：m^3/s）

Tab. 3-2 The design flood peak discharge of control stationsabout the main stream of Liaohe River (Units: m^3/s)

地点	洪水重现期				
	百年一遇	五十年一遇	二十年一遇	十年一遇	五年一遇
福德店	3 080	2 470	1 700	1 150	665
通江口	4 060	3 250	2 210	1 490	853
铁岭	6 779	5 718	4 305	3 276	2 279
石佛寺入库	6 990	5 879	4 446	3 489	2 729
石佛寺出库	5 500	5 327	4 384	3 458	2 729
马虎山	5 500	5 327	4 384	3 458	2 729
平安堡（巨流河）	5 500	5 327	4 384	3 458	2 729
辽中（卡力马）	5 250	5 061	4 165	3 285	2 593
六间房	5 000	4 808	3 957	3 121	2 463
盘山	5 000	4 808	3 957	3 121	2 463

由于暴雨历时短，雨量集中，各主要支流清河、柴河、汎河、柳河等又多流经山区和丘陵区，汇流速度快，因此，洪水多呈现陡涨陡落的特点，一次洪水过程不超过7d，主峰在3d之内。由于暴雨系统有时连续出现，使一些年份的洪水呈现双峰型，双峰历时一般在13d左右，两峰间隔3～4d。

根据2008年设计的《辽河流域防洪规划》，辽河干流各控制站不同频率设计洪水成果见表3-2。

3.1.2 辽河干流水资源特征

辽河干流多年平均地表水资源量为$40.4\times10^8m^3$，折合径流深为83.9mm。西辽河多年平均地表水资源量为 $29.6\times10^8m^3$，折合径流深为21.9mm。东辽河多年平均地表水资源量为 $8.3\times10^8m^3$，折合径流深为79.6mm。辽河流域地表水资源量见表3-3。

表3-3 辽河地表水资源量

Tab. 3-3 Thesurface water capacity about Liaohe River Basin

分区		计算面积 (km^2)	多年平均		不同频率年地表水资源量 (10^8m^3)			
			径流深 (mm)	地表水资源量 (10^8m^3)	20%	50%	75%	95%
辽河流域	西辽河	135 193	21.9	29.6	38.0	27.9	21.6	14.9
	东辽河	10 364	79.6	8.3	12.2	7.0	4.1	1.6
	辽河干流	48 213	83.9	40.4	56.0	37.0	25.3	13.4

表3-4 辽河流域多年平均地下水资源量（M≤2g/L）（单位：10^4km^2、10^8m^3）

Tab. 3-4 Mean annual groundwater resources amount about Liaohe River Basin (M≤2g/L) (Units: 10^4km^2、10^8m^3)

分区		计算面积	地下水资源量	山丘区			平原区			山丘区与平原区之间的重复计算量
				计算面积	地下水资源量	河川基流量	计算面积	地下水资源量	可开采量	
辽河流域	西辽河	13.51	53.75	8.26	16.40	9.58	5.25	41.58	31.12	4.23
	东辽河	1.04	6.88	0.44	1.42	0.98	0.60	5.71	4.30	0.25
	辽河干流	4.63	44.17	2.08	8.58	6.76	2.55	37.94	31.10	2.35

辽河流域地表水资源量年际变化很大（表3-4），最大年与最小年地表水资源量比值，西辽河、东辽河在20倍以上，辽河干流极值比一般在10~20倍。地表水资源量年内分配也极不均衡，汛期6~9月地表水资源量约占全年的60%~80%，其中，7月、8月又占全年的50%~60%。

本研究对近期下垫面条件下的多年平均地下水资源量进行了分析（表3-4）。辽河干流多年平均地下水资源量为 $44.17\times10^8m^3$，其中，平原区为 $37.94\times10^8m^3$，山丘区为 $8.58\times10^8m^3$，平原区与山丘区之间的重复量为 $2.35\times10^8m^3$。西辽河多年平均地下水资源量为 $53.75\times10^8m^3$，其中，平原区为 $41.58\times10^8m^3$，山丘区为 $16.40\times10^8m^3$，平原区与山丘区之间的重复量为 $4.23\times10^8m^3$。东辽河多年平均地下水资源量为 $6.88\times10^8m^3$，其中，平原区为 $5.71\times10^8m^3$，山丘区为 $1.42\times10^8m^3$，平原区与山丘区之间的重复量为 $0.25\times10^8m^3$。

辽河干流多年平均水资源总量为 $69.9\times10^8m^3$，西辽河多年平均水资源总量为 $70.2\times10^8m^3$，东辽河多年平均水资源总量为 $12.8\times10^8m^3$（表3-5）。

表 3-5　辽河流域水资源总量

Tab. 3-5　Total amount of water resources about Liaohe River Basin

分区		计算面积（km^2）	多年平均（10^8m^3）			
			降水量	地表水资源量	不重复量	水资源总量
辽河流域	西辽河	135 193	508.1	29.6	40.6	70.2
	东辽河	10 364	58.7	8.3	4.6	12.8
	辽河干流	48 213	272.1	40.4	29.5	69.9

水资源可利用量是指以流域为单元，在保护生态环境和水资源可持续利用的前提下，在可预见的未来，通过经济合理、技术可行的措施，在当地水资源量中可供河道外开发利用的最大水量。分为地表水资源可利用量和水资源可利用总量。水资源可利用量是一个流域水资源开发利用的最大控制上限。

地表水资源可利用量是指在可预见的时期内，在统筹考虑生活、生产和生态环境用水、协调河道内与河道外用水的基础上，通过经济合理、技术可行的措施可供河道外消耗利用的最大地表水资源量（刘涛，2007）。

辽河干流地表水资源可利用量约为 $16.24\times10^8m^3$，地表水资源可利用率（地表水资源可利用量与地表水资源量的比值）为 40.2%。西辽河地表水资源可利用量约为 $16.01\times10^8m^3$，地表水资源可利用率为 54.1%。东辽河地表水资源可利用量约为 $3.89\times10^8m^3$，地表水资源可利用率为 47.2%（表 3-6）。

表 3-6　辽河流域地表水资源可利用量（单位：%、10^8m^3）

Tab. 3-6　The available amount of surface water resources about Liaohe River Basin (Units: %、10^8m^3)

分区		多年平均天然地表水资源量	河道内生态环境用水		难以被利用的洪水		地表水资源可利用量	
			所占地表水资源量百分比	水量	所占地表水资源量百分比	水量	可利用率	可利用量
辽河流域	西辽河	29.6	39.5	11.7	13.9	4.1	54.1	16.01
	东辽河	8.3	19.0	1.6	37.6	3.1	47.2	3.89
	辽河干流	40.4	16.5	6.7	43.5	17.6	40.2	16.24

表 3-7　辽河流域水资源可利用总量（单位：%、10^8m^3）

Tab. 3-7　The total available amount water resources about Liaohe River Basin (Unit: %、10^8m^3)

分区		水资源总量	地表水资源可利用量	平原区地下水可开采量	水资源可利用总量	水资源可利用率
辽河流域	西辽河	70.16	16.01	31.12	35.30	50.3
	东辽河	12.82	3.89	4.3	6.47	50.5
	辽河干流	69.93	16.24	31.1	34.90	49.9

水资源可利用总量由地表水资源可利用量与地下水资源可开采量相加，再扣除二者之间的重复计算量。水资源可利用总量是一个流域和区域可供河道外经济社会系统消耗利用的最大水量，该指标用以控制流域水资源总体开发利用程度。

辽河干流水资源可利用总量为34.9×10^8m^3，水资源可利用率（水资源可利用总量与水资源总量的比值）为49.9%（表3-7）。其中，地表水资源可利用量为16.24×10^8m^3。西辽河水资源可利用总量为35.3×10^8m^3，水资源可利用率为50.3%。其中，地表水资源可利用量为16.01×10^8m^3。东辽河水资源可利用总量为6.47×10^8m^3，水资源可利用率为50.5%。其中，地表水资源可利用量为3.89×10^8m^3。

辽河流域水资源及其开发利用存在的主要问题为：水资源时空分布与需求不协调，开发不足与开发过度并存；地下水开发利用程度较高，局部地区超采严重；整体用水效率偏低，具有一定节水潜力；水污染严重；河道断流日趋严重，与水相关的生态环境问题突出；用水的管理水平亟待提高。

3.2 辽河干流泥沙特性研究

3.2.1 水、沙地域分布

辽河流域西部是黄土丘陵、沙丘草原以及沙地分布地区，气候干旱，植被稀少，森林覆盖率仅为13%，水土流失严重，土壤侵蚀模数均在500t/（km^2·年）以上，其中，老哈河中游、支流英金河、西拉木伦河中游、教来河上游及柳河上游尤为严重，分布着细沙性风沙土，土质结构松散，除受水蚀外，还受风蚀影响，侵蚀模数达到2 000t/（km^2·年）以上，形成全流域土壤侵蚀的高值区，多年平均含沙量30～100kg/m^3，侵蚀模数最高处在柳河上游的内蒙古库伦旗一带，达到9 830t/（km^2·年），实测最大含沙量为1 500kg/m^3，可见辽河流域西侧支流地区是辽河的主要产沙区（熊敬东，2005）。

表3-8 辽河干流东、西侧来水来沙对比表

Tab. 3-8 Contrast with runoff and sediment discharge on the east and west side of the main stream of Liaohe River

河名	站名	年径流量（10^6m^3）	年输沙量（10^4t）	含沙量（kg/m^3）	地域
西辽河	郑家屯	797.7	1 320.39	14.45	西侧
秀水河	彭家堡	66.9	13.69	2.26	
养息牧河	小荒地	86.9	36.09	4.52	
柳河	新民	321.2	550.09	19.59	
西四河之和		1 272.7	1 920.26	10.21	
占东、西之和的%		40.31	88.45		

续表

河名	站名	年径流量 (10^6m^3)	年输沙量 (10^4t)	含沙量 (kg/m^3)	地域
东辽河	太平	614.3	117.33	2.01	东侧
清河	开原	780.2	82.42	1.1	
柴河	太平寨	287.9	26.09	0.94	
汎河	张家楼子	201.9	24.89	1.26	
东四河之和		1 884.3	250.73	1.33	
占东、西之和的%		59.69	11.55		

辽河流域东部为长白山、千山地区，气候温湿多雨，植被良好，森林覆盖率为47%，土质为森林土，侵蚀微弱，土壤侵蚀模数除东辽河、寇河及二道河上游因植被较差有侵蚀模数为 500 ~ 800t/(km^2 · 年）的轻度水土流失之外，其他区域都在100 ~ 200 t/（km^2 · 年），河流平均含沙量均低于 0.5 kg/m^3。东部地区因暴雨洪水大，水量丰富，河流众多，因此，是辽河中下游的主要洪水来源。

辽河干流东西两侧来水、来沙对比见表 3 - 8，从表中可以看出，东侧支流来水量占59.7%，是辽河中、下游径流量的主要来源，其中，清河占 24.7%；而西侧支流悬移质输沙量占 86.4%，是辽河干流泥沙的主要来源，故辽河流域有“东水西沙”的分布特点。

西辽河及辽河干流各水文站观测显示，自 1961 年以后输沙量已受上游修建水库的影响，老哈河红山水库是 1960 年截流的，其控制流域面积 24 486km^2，占老哈河总流域面积的 74%，总库容 $25.6 \times 10^8 m^3$，基本拦截了老哈河的泥沙，使下游河道沙量锐减，因此，作为建库后的现状情况，应从 1961 年起进行统计。

应该指出，1960 年前、后两个系列输沙量均值之比，通辽站达到 11.7，郑家屯为9.1，并不意味着修了红山水库后下游输沙量就减少 9.1 ~ 11.7 倍，因为除了修库之外，还有更重要的影响因素——系列丰值会对均值发生作用，1960 年以前系列明显偏丰，1961 年之后即使不修库，输沙量均值也应是减少好多倍（熊敬东，2005）。另外，红山水库拦截的老哈河并不是辽河干流的唯一泥沙来源，其控制的集水面积只有铁岭站的20%，红山水库以下西辽河长 599km，还有支流新开河、教来河入汇，在 1962 年、1963 年等修建水库后发生的大水中，虽然红山水库拦截了不少泥沙，但进入辽河干流的泥沙仍然很多，1962 年输沙量是辽河干流各站 1961 年以后系列中的最大值，即说明西辽河只要有暴雨洪水，就能冲蚀出大量泥沙，供给下游辽河干流。因此，在对比了两种因素作用大小之后，认为在对下游辽河干流河道的泥沙冲淤特性描述中，泥沙系列应以 1965 年为界划分，1966 年以后至 1985 年的 20 年基本是枯水枯沙时段，红山水库的拦沙作用十分明显，再加西辽河、新开河、教来河上多座引洪水库的作用，西辽河进入辽河干流的泥沙很少，1982 年是最小值几近于零，1986 年之后，随着水沙逐渐转丰，又出现1986 年、1987 年、1991 年、1993 年、1994 年诸年输沙量超过 $1\ 000 \times 10^4 t$ 的中沙时段。

3.2.2 暴雨洪水产沙特性

辽河流域洪水多由暴雨产生，因而洪水发生时间与暴雨发生时间相应，持续时间几天至十几天，一年中洪峰出现次数为 2 ~5 次，历年大暴雨多发生在 7 月、8 月。东部山区形成暴雨中心的次数多，强度大，但洪水含沙量相对较小，形成的辽河干流大洪水含沙量都在 10kg/m^3 以下；西部上游西辽河产生洪水，辽河干流沙量大增，且沿程递减；西部下游柳河发生洪水，一般不与辽河东部洪水遭遇，柳河入辽河泥沙容易堵塞辽河河道，而后才被干流来水冲开带往下游，往往对辽河下游造成极为严重的淤积影响。

辽河沙量的年内分配比水量更为集中，汛期的水量占全年的 60% ~75%，而沙量则占 85.2% ~90.6%，其中，7 月、8 月占全年沙量的 66% ~71.1%。统计 1959 年、1963 年、1964 年、1975 年等几次较大洪峰，干流各站一次洪峰过程输沙量均占全年输沙量的 20% 左右，河道大的冲淤变化也是集中在洪水期间发生。辽河河道主槽本身有“洪冲枯淤”的平衡趋向，大洪水冲了之后，在中、小洪水及枯水年份要回淤，特别是遇到连续枯水年组，主槽断面面积会淤到最小。

辽河输沙量年际变化很大，辽河干流通江口站、铁岭站、巨流河站、六间房站最大年输沙量均发生在 1959 年，而最小年输沙量大多发生在 2002 年，通江口站、铁岭站、巨流河站、六间房站输沙量最大分别是最小的 11 454 倍、1 288 倍、529 倍、737 倍。辽河干流输沙量年际变化特征值见表 3 -9。

表 3 -9 辽河干流输沙量年际变化特征值表

Tab. 3 -9 Interannual sediment statistics change of the main stream of Liaohe River

站名	年输沙量 (10^4t)				
	最大	年份	最小	年份	倍比
通江口	7 101.54	1959 年	0.62	2002 年	1 1454
铁岭	8 555.32		6.64		1 288
巨流河	6 708.07		12.69	1982 年	529
六间房	5 931.71		8.05	2002 年	737

一般辽河中、下游沙峰先于洪峰，提前天数各断面不同，下游提前天数多于上游，如 1978 年 8 月巨流河站洪峰 500m^3/s，沙峰提前一天，至朱家房站沙峰提前了两天；1957 年洪水巨流河站沙峰提前两天，1986 年 8 月洪水的沙峰提前更多。

3.2.3 上游水库拦沙作用

老哈河中游的红山水库于 1960 年 10 月主坝合拢，开始蓄水。红山水库总库容 25.6 ×10^{8}m^3，控制流域面积 24 486km^2，运用到 1979 年年底，校核洪水位 445.1m 以下淤积量达 5.97 ×10^{8}m^3，占相应原始库容的 23.3%，淤积量与同期入库沙量接近，仅出库 0.11 ×10^{8}t，说明 1960 年以后，老哈河上游来沙基本为红山水库所拦截。

红山水库建库前、后，辽河测站多年平均悬移质输沙量及多年平均含沙量见表 3 -10，从表中可以看出，自 1960 年红山水库蓄水后，下游西辽河和辽河干流多年平均输沙量锐减 80% 左右。其中，郑家屯站多年平均输沙量由 4 956 ×10^{4}t 减至 741.99 ×10^{4}t，铁岭站由 4 623.85 ×10^{4}t 减至 740.04 ×10^{4}t，六间房站由 3 780.5 ×10^{4}t 减至 775.51 ×10^{4}t。

辽河干流各站输沙丰、枯变化与西辽河来沙量关系密切，红山水库减沙作用相当明显，而且一直影响到六间房。

表 3-10 辽河主要测站输沙量 1960 年前后变化表

Tab. 3-10 Interannual changes of sediment load before and after 1960 of control stations of the main stream of Liaohe River

河名	站名	统计时段	年输沙量(10^4t)						含沙量(kg/m^3)			中值粒径(mm)
			均值	最大值		最小值		倍比	均值	实测最大含沙量		
				值	年份	值	年份			值	发生日期	
东辽河	太平	1954—2004	117.33	503.85	1954	0.26	2002	1 938	2.01	20.2	1970.7.31	0.025
		1954—1960	233.71	503.85	1954	56.11	1959	9	2.42	16.1	1958.6.22	
		1960—2004	98.82	427.93	1964	0.26	2002	1 646	1.89	20.2	1970.7.31	
西辽河	郑家屯	1954—2004	1 320.39	8 593.34	1954	0.016	1982	559 584	14.45	88.5	1958.7.25	0.026
		1954—1960	4 956.04	8 593.34	1954	644.07	1955	13	26.28	88.5	1958.7.25	
		1960—2004	741.99	6 288.33	1962	0.016	1982	393 021	9.78			
辽河干流	通江口	1954—2004	1 074.19	7 101.54	1959	0.62	2002	11 454	6.15	56	1958.7.26	0.032
		1954—1960	3 790.91	7 101.54	1959	1 372.16	1955	5	10.67	56	1958.7.26	
		1960—2004	641.98	4 378.29	1962	0.62	2002	7 062	4.39	41	1993.8.10	
	铁岭	1954—2004	1 273.11	8 555.32	1959	6.64	2002	1 288	4.2	57.5	1993.8.6	0.032
		1954—1960	4 623.85	8 555.32	1959	1 421.21	1958	6	7.97	46.6	1958.7.20	
		1960—2004	740.04	4 223.26	1962	6.64	2002	111	2.86	57.5	1993.8.6	
	巨流河	1954—2004	1 187.62	6 708.07	1959	12.69	1982	529	3.42	30	1958.7.28	0.025
		1954—1960	4 228.33	6 708.07	1959	1 066.86	1958	6	6.49	30	1958.7.28	
		1960—2004	703.87	3 148.47	1962	12.69	1982	348	2.35	18.2	1962.8.13	
	六间房	1954—2004	1 187.96	5 931.71	1959	8.05	2002	737	3.32	31.2	1954.7.28	0.026
		1954—1960	3 780.5	5 931.71	1959	952.24	158	7	6.03	31.2	1954.7.28	
		1960—2004	775.51	3 103.22	1962	8.05	2002	39	2.46	23.7	1966.8.31	
清河	开原	1954—2004	82.42	806.52	1954	0.44	1982	1 815	1.1	29.5	1976.5.15	0.029
		1954—1960	331.57	806.52	1954	3.16	1958	255	2.6	16	1957.8.17	
		1960—2004	42.78	423.69	1964	0.44	1982	953	0.65	29.5	1976.5.15	
柴河	太平寨	1954—2004	26.09	391.57	1995	0.036	2000	10 987	0.94	9.53	1957.6.22	0.047
		1954—1960	42.1	132.77	1960	3.07	1958	43	1.1	20.4	1995.6.11	
		1960—2004	23.54	391.57	1995	0.036	2000	10 987	0.9	20.4	1995.6.11	

续表

河名	站名	统计时段	年输沙量(10^4 t)					倍比	含沙量(kg/m^3)			中值粒径(mm)
			均值	最大值		最小值			均值	实测最大含沙量		
				值	年份	值	年份			值	发生日期	
		1954—2004	24.89	379.86	1995	0.04	2000	9 306	1.26	37.6	1957.7.13	
汎河	张家楼子	1954—1960	57.67	205.5	1960	0.98	1958	210	1.91	37.6	1957.7.13	0.017
		1960—2004	19.68	379.86	1995	0.04	2000	1 091	1.08			
		1954—2004	1 385.97	4 904.23	1967	5.44	2004	902	51.59	1 140	1971.7.6	
	闹德海	1954—1960	2 883.85	4 521.12	1954	2 002.02	1960	2	67.6	556	1958.6.21	0.043
		1960—2004	1 147.67	4 904.23	1967	5.44	2004	902	48.92	1 140	1971.7.6	
柳河		1954—2004	550.09	1 884.48	1969	39.17	2004	48	19.59	468	1967.719	
	新民	1954—1960	893.89	1 265.43	1954	122.61	1958	10	22.4	116	1960.7.21	0.029
		1960—2004	516.2	1 884.48	1969	39.17	2004	48	19.06	468	1967.719	
		1954—2004	13.69	133.69	1956	0.001 5	1995	86 312	2.26	23.7	1971.6.19	
秀水河	彭家堡	1954—1960	48.48	133.69	1956	0.16	1958	826	3.87	21.2	1956.7.28	0.026
		1960—2004	8.35	57.32	1991	0.001 5	1995	37 006	1.66	23.7	1971.6.19	
		1954—2004	36.09	155.26	1959	0.097	1982	1 594	4.52	40.9	1970.7.29	
养息牧河	小荒地	1954—1960	72.35	155.26	1959	14.62	1960	11	6.29	26.1	1959.7.4	0.029
		1960—2004	30.32	125.33	1977	0.097	1982	1 287	4.08	40.9	1970.7.29	

3.2.4 主要测站悬移质泥沙特性

辽河对泥沙的观测大部分从1954年开始，统计辽河主要测站1954—2004年悬移质多年平均输沙量，如表3－11所示。

表3－11 辽河主要测站悬移质多年平均输沙量表

Tab. 3－11 Mean annual suspended sediment discharge at the gauging stations of the lower reaches of Liaohe River

河名（支流口断面）	站名（附近断面）	年输沙量（10^4t）	平均含沙量（kg/m^3）	区间入汇支流
东辽河	太平	117.33	2.01	
西辽河	郑家屯	1 320.39	14.45	
辽河干流	通江口	1 074.19	6.15	
				清河、柴河
	铁岭	1 273.11	4.2	
				汛河、秀水河、养息牧河
	巨流河	1 187.62	3.42	
				柳河
	六间房	1 187.96	3.32	
清河	开原	82.42	1.1	
柴河	太平寨	26.09	0.94	
汎河	张家楼子	24.89	1.26	
秀水河	彭家堡	13.69	2.26	
养息牧河	小荒地	36.09	4.52	
柳河	闹德海	1 385.97	51.59	
	新民	550.09	19.59	

东辽河与西辽河多年平均输沙量相差较大，西辽河郑家屯站多年平均输沙量约为东辽河太平站的11倍。通江口悬移质输沙量主要来自于西辽河。

福德店以下入汇支流中多年平均输沙量最大为柳河，其次为清河，再次为养息牧河。柳河新民站、清河开原站、养息牧河小荒地站，各站多年平均输沙量分别为550.09×10^4t、82.42×10^4t、36.09×10^4t。清河支流寇河于开原附近汇入，寇河流域水土流失严重，其松树站多年平均输沙量为61.83×10^4t。

铁岭—巨流河河段入汇有汎河、秀水河和养息牧河，巨流河—六间房入汇有柳河，而巨流河站较上游铁岭站、六间房站较上游巨流河站多年平均输沙量减少，说明悬移质在铁岭—巨流河、巨流河—六间房河段沿程落淤，尤其柳河来沙几乎全部淤积于柳河口—六间房河段。

铁岭站各年悬移质输沙率如表3－12所示，自1996—2007年，除1998年、1999年外其他各年平均输沙率均小于100kg/s，大部分年份含沙量小于1kg/m^3，说明近10年铁岭站悬移质输沙发生锐减，1985—1995年平均输沙率约为1996—2007年的5倍。

表 3-12 铁岭站各年悬移质输沙率表

Tab. 3-12 Suspended sediment discharge at Tieling station for years

年份	年平均输沙率（kg/s）	年平均含沙量（kg/m^3）	年份	年平均输沙率（kg/s）	年平均含沙量（kg/m^3）
1985	103	0.63	1997	29.5	0.55
1986	762	3.15	1998	595	3.74
1987	511	3.6	1999	131	2.19
1988	178	1.93	2000	3.94	0.18
1989	120	1.61	2001	2.84	0.24
1990	114	1.69	2002	2.09	0.141
1991	626	5.23	2003	2.26	0.198
1992	170	2.71	2004	9.88	0.239
1993	792	8.16	2005	45.7	0.444
1994	722	3.75	2006	8.9	0.26
1995	328	2.17	2007	7.82	0.257
1996	74.2	1.1			

3.2.5 主要测站推移质输沙量估算

3.2.5.1 铁岭站

选择马虎山站、六间房站 1986 年为代表年，采用沙莫夫、梅叶—彼得公式进行推移质输沙率计算，得到马虎山站、六间房站推悬比见表 3-13。

表 3-13 马虎山站、六间房站推悬比

Tab. 3-13 Ratio of bed-suspended load of Mahu-shan station and Liujian-fang station

断面	流量（m^3/s）	悬移质输沙率（kg/s）	含沙量（kg/m^3）	床沙平均粒径（mm）	推悬比（%）	
					沙莫夫公式	梅叶—彼得公式
马虎山	2 430	2 930	1.21	4.75	0.75	0.65
六间房	2 320	3 360	1.45	0.24	3.4	0.8

本研究采用经验公式计算 1985—2006 年辽河干流铁岭站推移质输沙率。梅叶—彼得单宽输沙率公式需要洪水期实测水面比降，而所选系列中铁岭站 1985 年、1986 年、1987 年、1989 年有洪水期实测水面比降，选取以上 4 个年份分别采用梅叶—彼得公式、沙莫夫公式进行输沙率计算，其结果及推悬比见表 3-14。从表中可以看出，梅叶—彼得法计算输沙率偏大，且推移质输沙率与悬移质输沙率之比，即推悬比变化幅度较大，而沙莫夫计算得推悬比比较稳定。从资料完整性、推悬比稳定性两方面考虑，本研究推移质输沙率采用沙莫夫公式。

梅叶—彼得推移质单宽输沙率公式：

$$g_b = \frac{\left[\left(\frac{n'}{n}\right)^{2/3}\gamma hJ - 0.047\ (\gamma_s - \gamma)\ d_p\right]^{3/2}}{0.125p^{1/2}\left(\frac{\rho_s - \rho}{\rho_s}\right)g}$$

式中：J 为比降。

沙莫夫推移质单宽输沙率公式：

$$g_b = KD^{2/3}\ (v - v_0)\ \left(\frac{v}{v_0}\right)^3 \left(\frac{d}{h}\right)^{1/4}$$

式中：g_b 为单宽输沙率（kg/s · m）；K 为系数（K = 2.5）；D 为非均匀沙中最粗一组的平均粒径，取 $D = d_{50}$，d_{50} 为床沙平均粒径（m）；v 为断面平均流速（m/s）；v_0 为断面止动流速（m/s）；d 为推移质平均粒径，取 $d = d_{50}$（m）；h 为断面平均水深（m）。

止动流速公式：

$$v_0 = \frac{1}{1.2} v_c$$

起动流速公式：

$$v_c = 1.14\sqrt{\frac{\rho_s - \rho}{\rho} gd} \left(\frac{h}{d}\right)^{1/6}$$

式中：ρ_s 为泥沙密度（kg/m^3）；ρ 为水的密度（kg/m^3）。

表 3-14　铁岭站各推移质输沙公式计算结果比较表

Tab. 3-14　Contrast with computing result of bed load discharge calculation formula of Tieling station

年份（年）	H（m）	J（‰）	B（m）	推移质输沙率（kg/s）			悬移质输沙率（kg/s）	推悬比（%）	
				梅叶—彼得公式	沙莫夫公式	倍比（梅/沙）		梅叶—彼得公式	沙莫夫公式
1985	3.61	0.25	388	390.99	10.07	39	1 790	21.84	0.56
1986	3.92	0.4	378	901.01	31.69	28	6 020	14.97	0.53
1987	2.37	0.15	295	64.28	13.07	5	3 550	1.81	0.37
1989	3.41	0.2	375	242.10	41.77	6	5 860	4.13	0.71

选用 1985—2007 年铁岭站实测洪水期断面要素，采用沙莫夫推移质输沙率计算公式，则铁岭站各年推移质输沙率如表 3-15 所示，多年平均输沙率为 22.35kg/s，多年平均输沙量 $26.6 \times 10^4 m^3$。

3.2.5.2　马虎山站

马虎山站计算结果为多年平均输沙率为 21.98kg/s，多年平均推移质输沙量分别为 $26.15 \times 10^4 m^3$。

3.2.5.3　六间房站

分别采用梅叶—彼得公式、沙莫夫公式求得推悬比为 0.8、3.4。六间房站位于辽河柳河口以下，推移质形式运动的泥沙较少，推悬比应接近或小于上游测站，故本研究选定小值 0.8%。六间房多年推移质输沙率为 26.88kg/s，多年推移质输沙量为 $31.99 \times 10^4 m^3$。

表 3－15 铁岭站各年推移质输沙率

Tab. 3－15 The bed load discharge at Tieling station for years

年份（年）	Q（m^3/s）	V（m/s）	B（m）	H（m）	推移质输沙率（kg/s）
1985	1 500	1. 07	388	3. 61	10. 07
1986	2 090	1. 41	378	3. 92	31. 69
1987	778	1. 11	295	2. 37	13. 07
1988	427	1. 08	182	2. 17	7. 55
1989	1 880	1. 47	375	3. 41	41. 77
1990	407	1. 15	182	1. 94	11. 07
1991	470	1. 21	180	2. 17	12. 17
1992	373	1. 11	179	1. 88	9. 30
1993	718	1. 22	222	2. 65	13. 36
1994	3 110	1. 68	560	3. 30	115. 03
1995	3 910	2. 08	340	5. 53	115. 26
1996	605	0. 93	273	2. 37	5. 36
1997	400	0. 69	270	2. 14	1. 35
1998	1 680	1. 47	308	3. 70	32. 25
1999	596	1. 37	238	1. 83	32. 43
2000	176	0. 81	175	1. 23	3. 12
2001	124	0. 66	140	1. 34	0. 85
2002	186	0. 59	165	1. 90	0. 40
2003	272	0. 85	164	1. 96	2. 45
2004	909	1. 02	222	4. 00	4. 20
2005	2 280	1. 74	275	4. 76	48. 90
2006	203	0. 71	145	1. 97	0. 89
2007	213	0. 79	141	1. 91	1. 51
多年平均输沙率（kg/s）					22. 35
多年平均输沙量（$10^4 m^3$）					26. 60

表 3－16 辽河干流主要测站推移质输沙量表

Tab. 3－16 The bed load discharge in the main stations about the main stream of Liaohe River

测站	输沙率（kg/s）	输沙量（$10^4 m^3$）
铁岭站	23. 30	26. 6
马虎山站	21. 98	26. 2
六间房	26. 88	32

从表3－16可以看出，辽河干流各站推移质输沙率较接近，输沙量为$25\times10^4\sim32\times10^4m^3$。虽然输沙量相差不是很大，但推移质泥沙颗粒粒径相差较大，即推移质粒径沿程细化，下游推移质粒径小于上游。

辽河干流清河口至柳河口河段泥沙粒径为全河段中最粗的，特别是清河口至马虎山段。清河口至柳河口推移质主要来自于清河、柴河、汎河等东部入汇支流。辽河干流铁岭站位于清河、柴河汇入口以下，则铁岭站多年平均推移质输沙量$26.6\times10^4m^3$，可代表辽河清河口以下至马虎山站河段推移质输沙量。

辽河干流1954—1964年为丰水、丰沙期，1965—1984年为枯水少沙期，1985—1996年为中水期，2000年至今为枯水少沙期。辽河干流铁岭站自2000年由于来水量大大减少，推移质输沙率相应减少，如表3－15所示，1985—1999年推移质输沙率除1997年以外，各年均超过5kg/s，平均为30kg/s，而2000—2007年推移质输沙率除2005年以外，各年均小于5kg/s。1985—1999年推移质输沙率为2000—2007年的17倍。2000—2007年年平均推移质输沙量为$2.28\times10^4m^3$。

3.3 辽河干流水沙关系研究

3.3.1 辽河干流水、沙年际变化

本研究重点对辽河中下游福德店、通江口、铁岭、马虎山、平安堡、六间房6个主要控制站1988—2010年的年径流量、年输沙量等数据进行综合分析，研究辽河中下游23年间的水沙变化情况。各站位置以及辽河中下游干流泥沙输入、输出关系见图3－1。为了便于分析水沙的年际变化，本研究将1988—1994年时间划为一段，1995—2002年划分为一段，2003—2010年划分为一段。为便于说明，下文分别称之为A、B、C年段。辽河中下游主要水文站分年段多年平均水沙量见表3－17，其年际变化见图3－2。

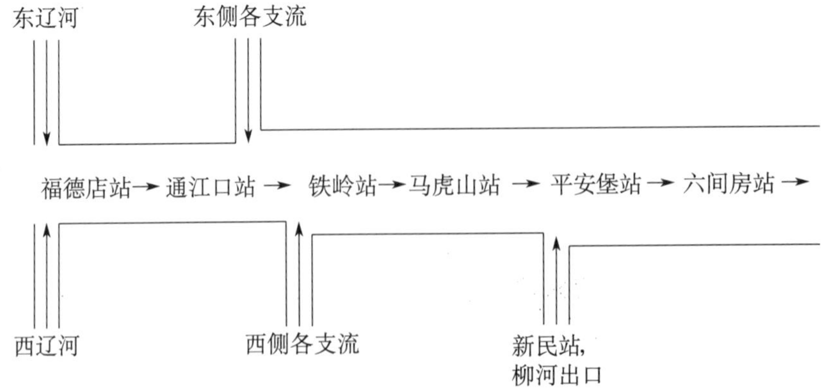

图3－1 辽河中下游干流泥沙输入、输出关系概化图

Fig. 3－1 Diagram showing input and output of sediment of the main stream in the middle and lower reaches of Liaohe River

表 3-17 辽河主要水文站分年段径流量输沙量统计值（1988—2010）

Tab. 3-17 Liaohe River major hydrometric stations section runoff and sediment statistics (1988—2010)

河名	测站	1988—1994 年（A 年段）		1995—2002 年（B 年段）		2003—2010 年（C 年段）	
		径流量（10^8m^3）	输沙量（10^4t）	径流量（10^8m^3）	输沙量（10^4t）	径流量（10^8m^3）	输沙量（10^4t）
辽河	福德店	18.19	962.14	9.21	415.76	3.56	14.92
辽河	通江口	22.60	1 191.71	10.82	389.86	5.75	26.31
辽河	铁岭	31.84	1 227.00	21.24	460.64	19.65	96.96
辽河	马虎山	36.17	990.43	缺测	缺测	23.23	90.59
辽河	平安堡	37.05	877.57	24.32	421.85	23.23	135.47
辽河	六间房	38.27	720.00	25.48	336.46	22.94	157.25

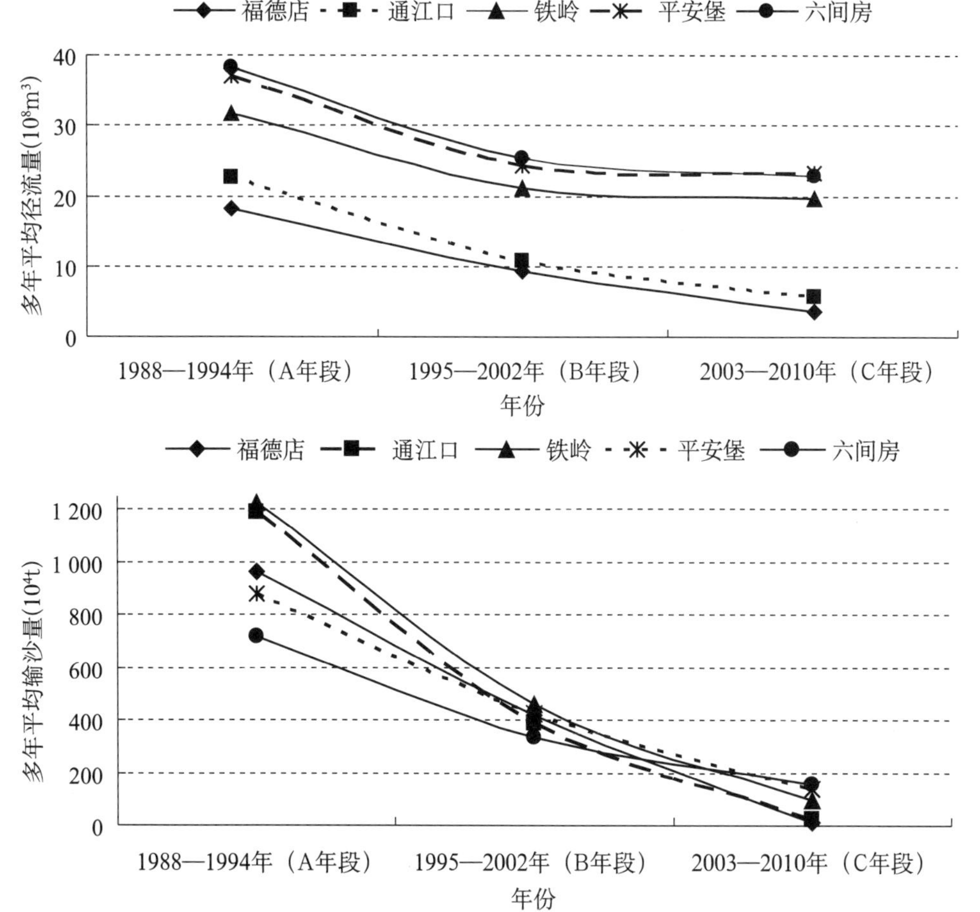

图 3-2 辽河主要水文站分年段径流量输沙量统计值（1988—2010）

Fig. 3-2 Liaohe River major hydrometric stations section runoff and sediment statistics (1988—2010)

通过以上图表可以看出：各测站的水量与沙量呈现明显的下降趋势。1994 年、1995 年、1998 年和 2010 年的径流量较大，说明该年份发生了比较大的洪水。总体而言，与 A 年段相比 B、C 年段都明显减少，C 年段水量与沙量下降趋势变缓，水量的变化更加不明显。以平安堡站为例，与 A 年段相比，C 年段年均减少水沙量分别约为 $12.73\times10^8m^3$、455.72×10^4t，而 C 与 B 年段相比分别减少约为 $1.09\times10^8m^3$、286.3810^4t。通过 23 年间水沙数据的研究可以推断出，辽河中下游水沙的近期变化将呈现下降趋势（表 3－18）。

3.3.2 辽河干流水、沙年内变化

辽河中下游各控制站多年及汛期平均水沙特征值如表 3－18 所示，在研究的 23 年内，各控制站的水沙年内分配规律变化并不明显，径流量年内分配基本与年内输沙量相一致。辽河中下游主要控制站：福德店、通江口、铁岭、马虎山、平安堡、六间房站在汛期每年 6～9 月的径流量、输沙量分别占全年的 66.22%～76.55% 和 74.00%～88.21%，由于水沙的年内分配并不均匀，主要集中在汛期，所以可以说明年内水、沙的来源主要集中于汛期，而输沙量比径流量更为集中，说明输沙量与汛期径流量紧密相关。

表 3－18 辽河各站多年平均水沙特征值（1988—2010）

Tab. 3－18 Mean annual runoff and sediment characteristics at each gauging station in Liaohe River Basin (1988—2010)

测站	流域面积（km^2）	多年平均径流量（10^8m^3）	汛期（6～9 月）		多年平均输沙量（10^4t）	汛期（6～9 月）		多年平均侵蚀模数（t/km^2）
			径流量（10^8m^3）	占年量（%）		输沙量（10^4t）	占年量（%）	
福德店	106 925	9.98	7.64	76.55	442.63	384.12	86.78	41.40
通江口	112 177	12.64	9.31	73.66	507.45	447.62	88.21	45.24
铁岭	120 764	23.91	17.22	72.02	567.38	457.05	80.56	46.98
马虎山	124 447	27.86	18.45	66.22	450.72	383.55	85.10	36.22
平安堡	136 074	27.82	20.36	73.18	460.94	341.08	74.00	33.87
六间房	136 460	28.49	20.97	73.60	390.86	293.71	75.14	28.64

3.3.3 辽河干流水沙关系分析

3.3.3.1 各控制站内水、沙相关分析

本小节主要分析辽河干流各主要控制站 1988—2010 年间年径流量与年输沙量之间的相关关系，通过计算所得的水沙相关系数统计见表 3－19，通过分析，可以获知辽河干流年径流量与年输沙量的相关关系特点（图 3－3）。

①辽河干流总体的年径流量与年输沙量具有明显的相关关系，各主要控制断面的输水、输沙普遍存在指数相关，辽河输沙量随着径流量的增加而增加，说明径流量是影响输沙量的主要因素之一。

②辽河中游的水沙相关性好于辽河下游。说明随着控制断面处控制流域面积的增加，流域内各支流的汇入，对水沙影响因素也随之增多，水沙相关性有所降低。

如福德店站水沙相关系数 0.9798 大于通江口站的 0.9487。辽河上游的东、西辽河两大支流于福德店站汇入辽河干流，因西辽河流域面积占福德店站以上流域面积的 90%，年径流量、年输沙量分别占福德店年径流量、年输沙量的 67% 和 92.8%，而东辽河的水沙量较小。其水沙所受的影响因素较少，相关系数较高。

表 3-19　辽河干流主要控制站水沙相关系数统计

Tab. 3-19　The relational coefficient statistics of water and sediment of control stations in the main stream of Liaohe River

站名	所处流域位置	相关公式	相关系数 R
福德店	中游	$y = 1.6564x^{2.0087}$	0.9798
通江口	中游	$y = 1.1175x^{2.0248}$	0.9487
铁岭	中游	$y = 0.366x^{2.0892}$	0.9083
马虎山	下游	$y = 2.8519x^{1.2951}$	0.9154
平安堡	下游	$y = 3.24x^{1.4019}$	0.8888
六间房	下游	$y = 1.3333x^{1.6134}$	0.9576

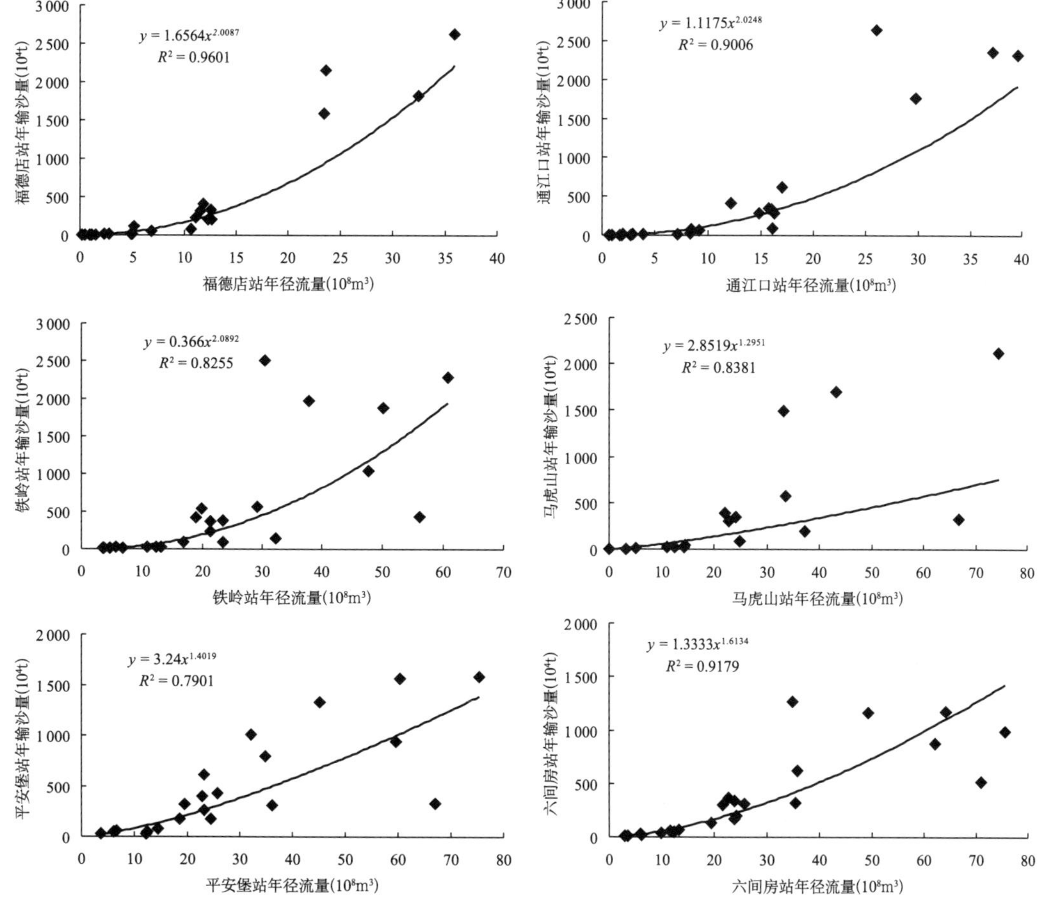

图 3-3　控制站内水沙相关分析

Fig. 3-3　The correlation analysis of the relationship of water and sediment in the controller

与相对处于下游的六间房站相比，平安堡站影响产水、产沙的因素却更为复杂，其相关系数反而低于六间房站，说明多沙区柳河入汇后对平安堡站水沙影响作用较大。与此情况类似的铁岭站水、沙相关性也较低，原因是清河和柴河等多水少沙支流的入汇。

3.3.3.2 六间房站与其他控制站间的水沙相关分析

六间房站是辽河出口控制站，其年水沙量可以认为是辽河流域全年的产沙、产水量，通过对六间房站与其上游5个控制站之间年径流量、年输沙量的相关性分析，可以了解辽河中下游沿程不同区域对整体辽河流域产水产沙的影响，相关分析见图3－4。通过分析可知，辽河中下游之间水、沙存在较强的相关性，说明辽河中游是辽河下游河道水沙的主要来源。距离六间房站越近，流域产水相关系数越高，这说明越往下游，对流域的产水贡献率越大。六间房站与其他各站产沙相关分析中发现，相关系数自上游至下游总体上升，其中，六间房站与铁岭站的相关系数明显较高，说明尽管两站之间有柳河的入汇，但铁岭站水、沙仍是其下游流域水、沙的主要来源。

以上在对各个不同控制站进行水沙特征比较时，未考虑到各站集水面积因素的影响，为此在这里引入径流模数和输沙模数的概念。图3－5为辽河干流6个水文站的年径流模数和年输沙模数多年平均值。

从年径流模数看，从福德店站至马虎山站径流模数是沿程递增的，这种变化反映出辽河水量主要来源于中游，而铁岭站增加明显，说明铁岭站以上入汇的辽河东侧支流清河、柴河等是辽河的主要产水区；从年输沙模数看，辽河上、中游的输沙模数较大，铁岭站最大，之后沿程呈现下降趋势，这反映出辽河沙量主要来源于辽河铁岭站以上，西辽河仍是主要产沙区；辽河下游支流柳河在马虎山站至平安堡站之间入汇辽河干流。从图中可看到，因柳河泥沙入汇，该段年输沙模数下降趋势略有趋缓。分析其原因：柳河处于辽河下游，河道比降较缓，柳河虽是多沙河流，多年平均侵蚀模数远高于辽河其他支流，但其流域面积相对较小，年输沙量低于西辽河年输沙量。上述诸因素可以解释平安堡站与下游六间房站水沙相关性不强的原因。

3.3.3.3 流域产沙与上游全年、汛期来水来沙相关分析

以上的分析表明，辽河中游是辽河下游河道水沙的主要来源。六间房站是辽河出口控制站，所以，其年径流量与输沙量可以认为是辽河流域全年产水产沙量，而福德店站的年径流量和年输沙量可以认为是流域上游来水来沙量。图3－6是流域全年产水、产沙与流域全年及汛期来水、来沙量进行相关分析。流域产沙与流域上游全年及汛期来沙都具有较好的线性拟合关系，从全年的关系来看，拟合直线斜率越大，说明全年辽河流域上游来沙量对流域产沙的贡献率越大。从汛期的关系来看，汛期拟合直线斜率越大，说明汛期单位来沙量对流域产沙的贡献率越大。分析表明，在其他条件不变的情况下，流域上游来沙每增加1×10^4t，将向辽河下游多贡献约0.4722×10^4t泥沙。汛期时由于上游单位时间内来水量大，其关系是流域上游来沙每增加1×10^4t，将向辽河下游产沙多贡献约0.4617×10^4t泥沙。流域产沙与福德店站全年及汛期来水可用幂函数进行拟合，函数关系说明流域产沙量随着来水量的增大而增大，但随着来水量的增大，单位水量对流域

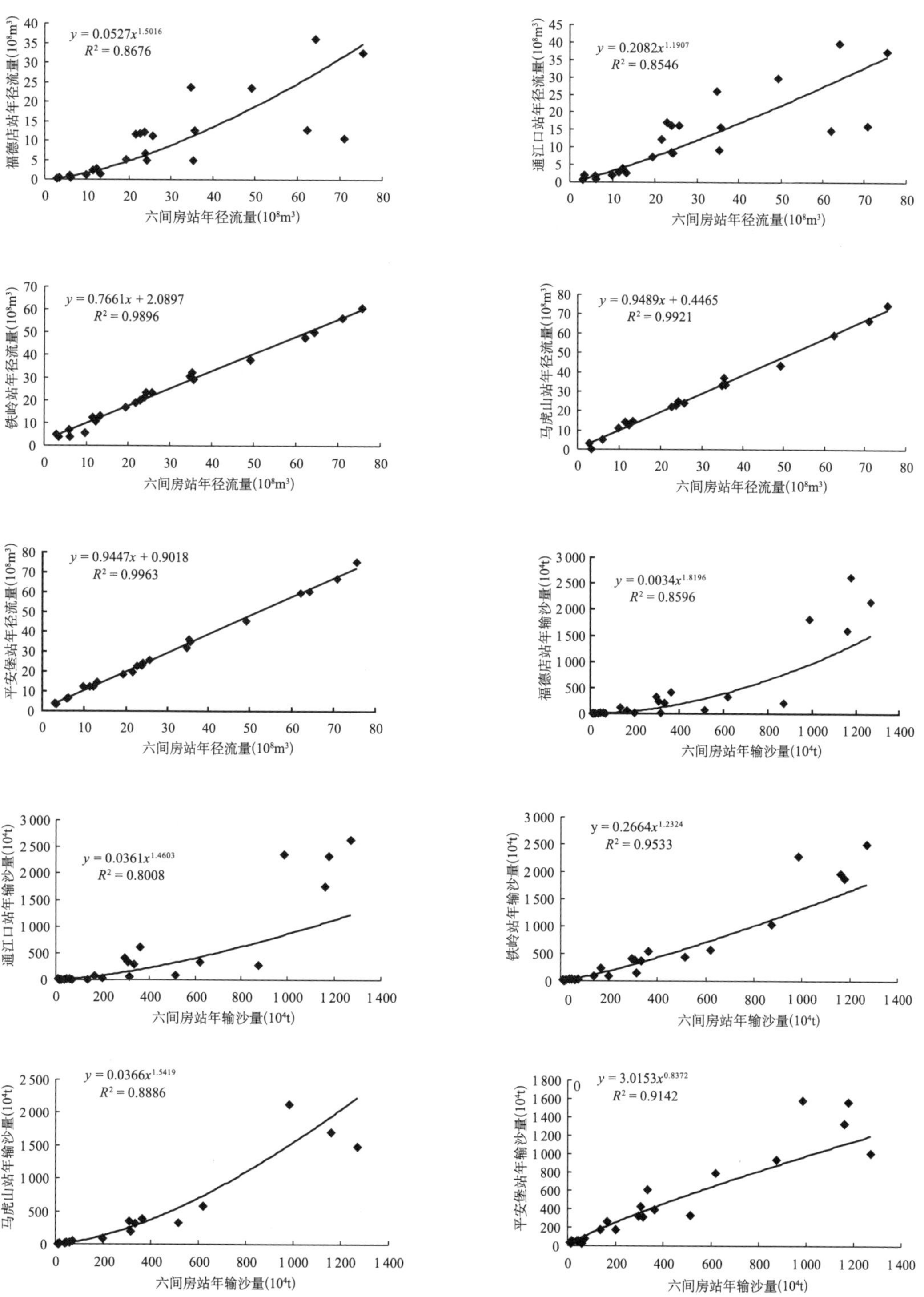

图 3－4　各控制站间水沙相关关系

Fig. 3－4　The relationship of water and sediment of the controllers

产沙的贡献率是逐渐变强的。汛期拟合函数的指数、系数较全年的要大一些，说明汛期单位来水量对流域产沙量控制作用更大。以上结论与孙杰明等（2010）在辽河支流柳河下游研究结论有在宏观上具有一定的相似性。

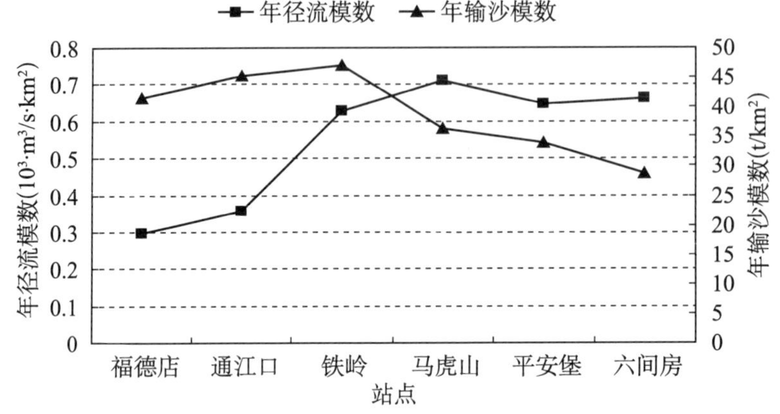

图 3-5　辽河干流各水文站年径流模数和年输沙模数（1988—2010）

Fig. 3-5　Annual runoff and annual sediment transport modulus of hydrological station in the main stream of Liaohe River（1988—2010）

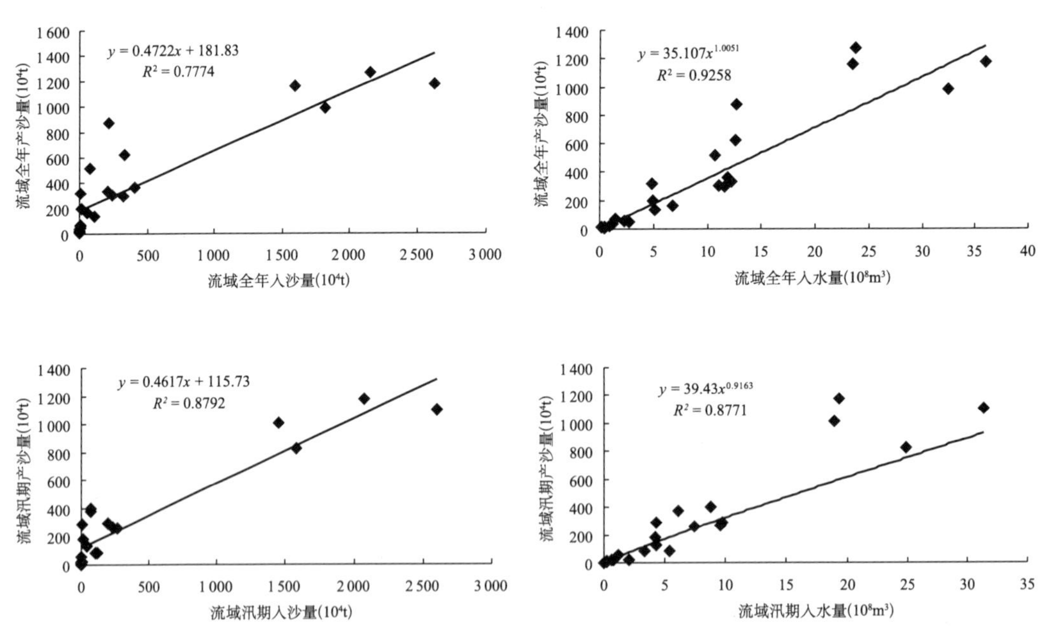

图 3-6　流域产沙与流域全年及汛期来水、来沙关系

Fig. 3-6　The relation between basin sediment yield and water sediment of all the year flood season of Liaohe River

3.3.4 辽河干流沿程主要控制站水沙量时间变化特征

本小节分析辽河干流沿程主要控制站水沙量的多年波动变化趋势。图3－7为辽河干流沿程主控站水、沙动态变化图。

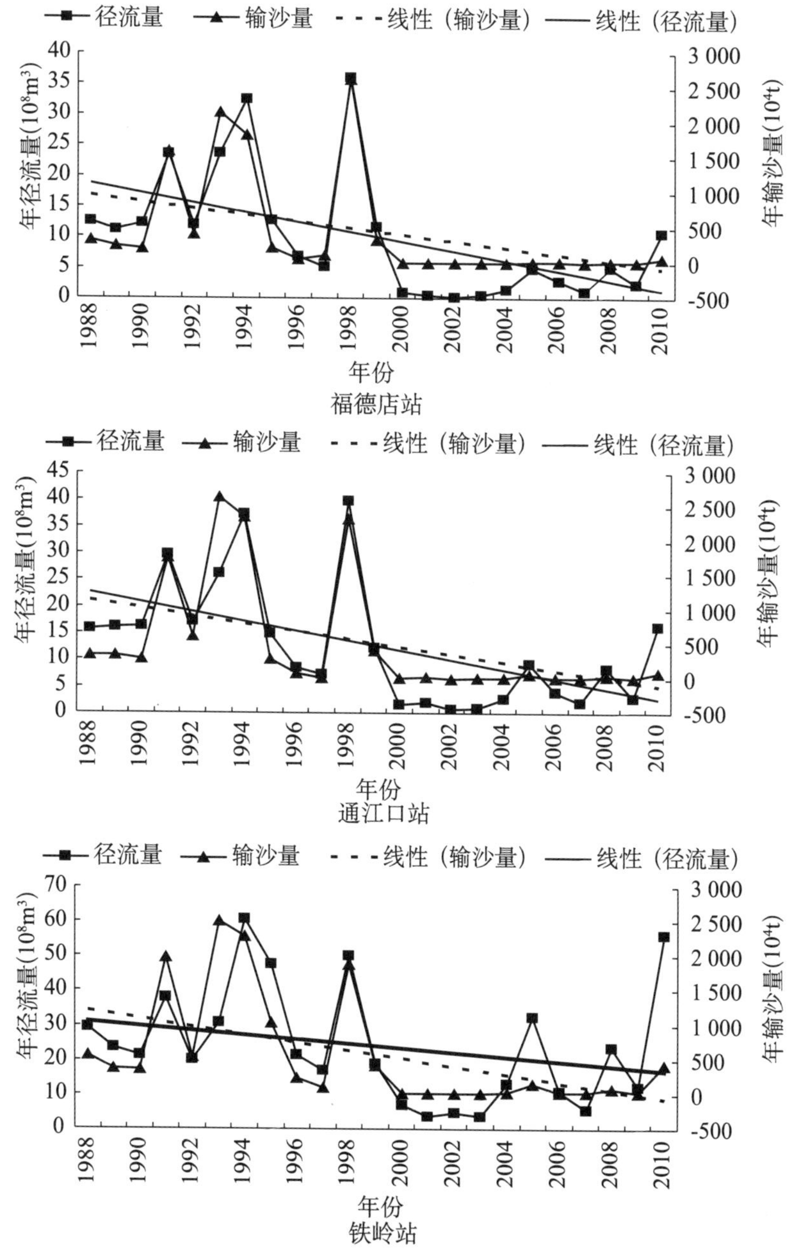

图3－7 辽河干流沿程主控站水沙动态图（一）

Fig. 3－7 The water and sediment dynamic map of control stations along the main stream of Liaohe River

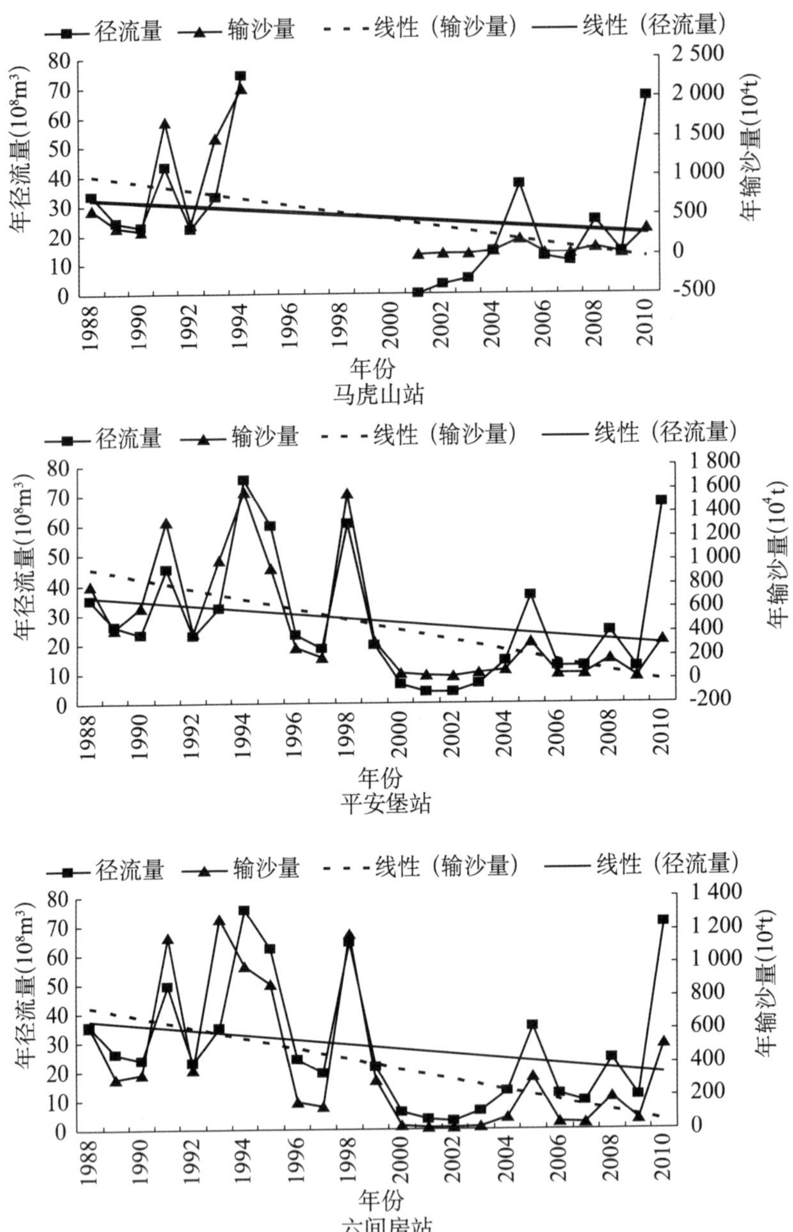

图 3-7　辽河干流沿程主控站水沙动态图（二）

Fig. 3-7　The water and sediment dynamic map of control stations along the main stream of Liaohe River

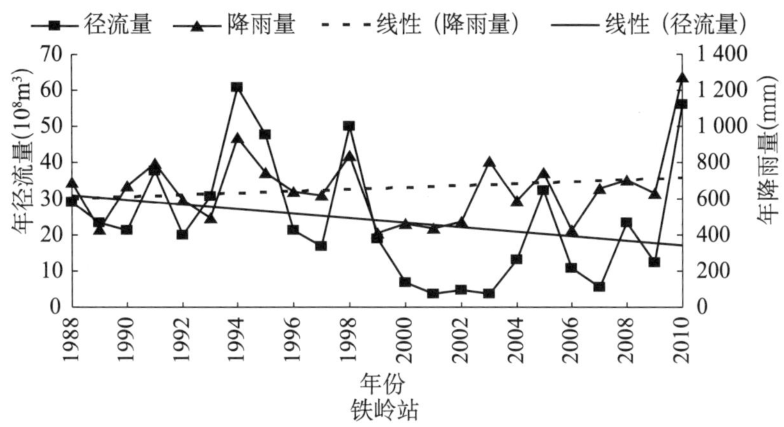

图 3-8 辽河干流铁岭站年径流量与年降水量变化关系

Fig. 3-8 Annual runoff and precipitation changing relation of Tieling station in the main stream of Liaohe River

对比辽河干流 6 个主要控制站的水沙动态特征图，通过分析，可以获知如下水、沙关系特点。

①辽河干流 6 个控制站间河段水、沙年际变化趋势基本保持一致，与以上的分析结果相一致，这说明辽河上游来水、来沙对下游水、沙的控制作用明显。

②辽河干流各水文控制站年水量与沙量变化趋势相应，均表现为年际变化大，长期变化呈现明显的下降趋势。1995 年前，年径流量和输沙量偏高，1991 年、1993 年、1994 年、1995 年、1998 年和 2010 年这 6 年水、沙量均为较高值，说明这 6 年是辽河的丰水丰沙年；1988—1990 年、1992 年、1996 年、1997 年、1999 年和 2008 年这 8 年是辽河干流的中水期，输沙量也居中；而 2000—2006 年、2007 年和 2009 年这 9 年间，辽河干流径流量、输沙量均明显下降处于较低水平，但这段时间并不算是辽河的枯水期（图 3-8，以铁岭站为例）。此 9 年时间内降雨量变化趋势不及径流量变化趋势明显，水、沙量发生变化的原因主要受流域降水量、暴雨洪水和人类活动的综合影响，具体分析见下小节。

3.3.5 辽河干流主要控制站水沙量的沿程变化

图 3-9 为辽河干流主要控制站水沙量的沿程变化特征图。由图可见，所划分的 3 个年段内以及多年平均的径流量沿程变化趋势基本一致，由于沿程各支流的汇入，使得辽河干流水量得到补充，径流量沿程呈增加趋势。图中从福德店站至通江口站段年径流量相差相对较小，在铁岭站径流量明显增加，表明区间支流的入汇水量较大，而铁岭下游各站径流量增量相对较小，说明铁岭站水量对辽河流域的贡献率较大。此外，A 年段各站年均径流量均大于多年平均值，为丰水年，而 B、C 年段小于多年平均，进入相对枯水年份。A、B 年段各站年输沙量的沿程变化先呈上升趋势后下降，在铁岭站达到最高值，表明铁岭站下游的辽河泥沙以沉积为主，冲刷作用并未随着径流量的增加而增强。

A 年段为丰水年，辽河干流上中游河段在满足河道输沙水量的条件下，尚有一定的

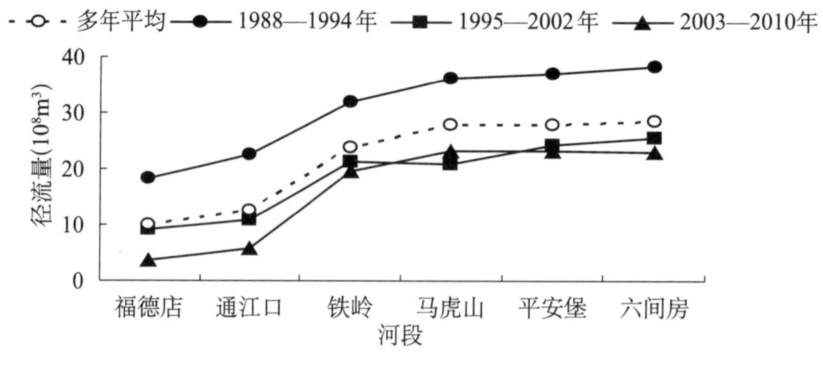

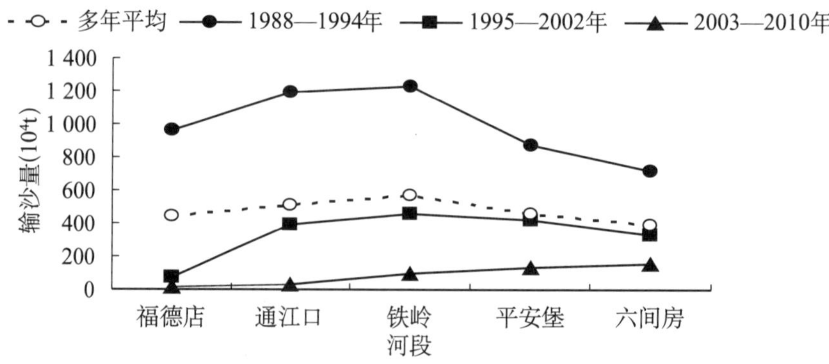

图 3-9　多年平均径流量、输沙量沿程变化情况

Fig. 3-9　Variation of yearly average runoff and sediment load at different stations

富余水量，而下游河段由于河槽形态变化和河床比降趋缓的因素，输沙能力明显下降，故输沙量呈现下降趋势，下游的水量几乎全部用于输沙，几乎无多余水量。C 年段辽河径流量明显降低，除 2010 年发生洪水，径流量异常增加，自上游至下游无多余水量，水量全部用于输沙，所以 C 年段输沙量沿程伴随径流量的递增而增加。

3.3.6　辽河干流水沙变化原因分析

影响流域产水产沙量的主要因素有自然因素和人类活动因素。自然因素主要指下垫面因素和降水因素；下垫面因素主要指流域的自然状况、土壤植被、地质地貌、气候特点等。一般来说，流域内地质地貌、气候特点等条件相对稳定；而降雨作为引起土壤侵蚀的主要气候因素之一是地表产沙的主要动力，其时空分布将直接影响着流域产沙结果；人类活动是研究流域产沙不可忽略的因素，人为地改变流域下垫面以及流域输沙条件对流域产沙有着重要的影响作用，人类活动分为积极的固土减沙和消极的毁林增沙两方面，例如封山育林、植树造林、退耕还林和兴建农田水利工程等措施，都会对流域起到积极地减沙作用；相反，对坡地的开垦、筑路、不合理地开矿等工程建设都将加重所在区域的水土流失，增加流域的产沙量。所以流域水、沙量主要受降水和人类活动的双重影响。

3.3.6.1 降水量影响

对辽河干流6个雨量测站从1988年至2010年的数据进行分析，辽河中下游降水近23年来的变化基本上是年际波动大，但长期变化趋势不太明显（图3－10），1995—2002年的降水量有所下降（表3－20）。用所划分年段内年平均降水量与多年平均降水量的比值评价其变化，可见辽河的降水量1995—2002年略有降低，降水量较多年平均值降低了8%；2003—2010年略有升高，降水量较多年平均值升高了4%。

表3－21将研究年段各测站平均径流量、平均输沙量与其多年平均值进行比较，可见B年段平均径流量较多年平均值降低了约14%，而输沙量较多年平均值降低了约28%。可见C年段平均径流量较多年平均值降低了约32%，而输沙量较多年平均值降低了约81%。这与降水量的变化趋势是一致的，但降低的幅度相差很大，这表明近年辽河流域降水量的减少是辽河的水、沙量减少的原因之一，但不是主要的影响因素。

表3－20 辽河干流雨量站降水量（1988—2010）
Tab. 3－20 The precipitation of rainfall stations in the middle and lower reaches of Liaohe River（1988—2010）

雨量站	流域位置	多年平均降水量（mm）	1995—2002年平均降水量（mm）	2003—2010年平均降水量（mm）	1995—2002年平均降水量/多年平均降水量	2003—2010年平均降水量/多年平均降水量
福德店	中游	480.92	446.08	484.83	0.93	1.01
通江口	中游	559.4	493.48	619.65	0.88	1.11
铁岭	中游	655.04	577.40	728.70	0.88	1.11
马虎山	下游	575.46	493.37	588.83	0.86	1.02
平安堡	下游	575.82	543.95	585.18	0.94	1.02
六间房	下游	596.35	595.49	585.85	1.00	0.98

表3－21 辽河干流多年平均径流量、多年平均输沙量
Tab. 3－21 The average runoff average sediment in the main stream tributary of the middle and lower reaches of Liaohe River

测站	1995—2002年		2003—2010年		1995—2002年平均/多年平均		2003—2010年平均/多年平均	
	径流量（10^8m^3）	输沙量（10^4t）	径流量（10^8m^3）	输沙量（10^4t）	径流量（10^8m^3）	输沙量（10^4t）	径流量（10^8m^3）	输沙量（10^4t）
福德店	9.21	415.76	3.56	14.92	0.92	0.94	0.36	0.03
通江口	10.82	389.86	5.75	26.31	0.86	0.77	0.45	0.05
铁岭	21.24	460.64	19.65	96.96	0.89	0.81	0.82	0.17
马虎山	20.83	2.26	23.23	90.59	0.75	0.01	0.83	0.20
平安堡	24.32	421.85	23.23	135.47	0.87	0.92	0.84	0.29
六间房	25.48	336.46	22.94	157.25	0.89	0.86	0.81	0.40

辽河中下游水、沙量的多少不仅与降雨量有关，更主要的是由降雨过程（尤其是暴雨过程）所决定。1991年、1993年、1994年、1995年、1998年、2010年辽河均发生洪水，而2000年以来，由于暴雨过程减少，暴雨强度降低，辽河洪水次数较20世纪90年代明显减少，洪水量级也明显减小，洪水次数减少和洪水量级的减小，直接导致水、沙量减少。因此，2000年以后暴雨过程减少和暴雨强度降低是辽河水沙量减少的重要原因之一。

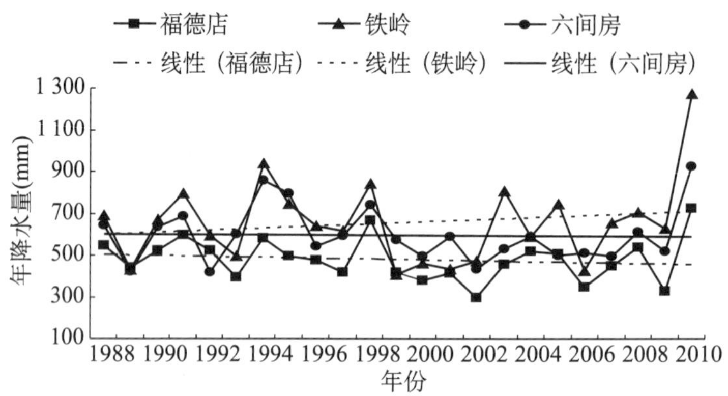

图3-10 辽河干流代表性雨量站年降水量变化

Fig. 3-10 Annual precipitation change in representative rainfall stations of the middle and lower reaches of Liaohe River

3.3.6.2 人类活动

人类是地球上最活跃的因素之一，随着近代人口数量迅猛增加，粮食需求也随之扩大，粮食是人口再生产的基本保障，粮食总产量取决于粮食单产和种植面积。粮食单产增加有限，扩大耕地面积便成为增加粮食总量的基本途径。据统计，近代辽河流域土地垦殖率皆存在扩大趋势，林地面积也有所减少，流域内林地面积的减少，使得林地所具有的拦蓄径流、防风固土，涵养水源作用降低，进而对流域水、沙量产生负面影响。人、地关系的失衡将直接导致强烈的水土流失，增加流域的水、沙量。

人类对辽河流域内耕地的粗放耕作，重用轻养使得土壤有机质不断下降，理化性质逐年恶化；对西辽河流域内草原的过度放牧，森林的不合理采伐；在开矿、筑路等生产建设活动中未及时采取科学合理水土保持措施，破坏了植被。以上因素都加剧了流域内的水土流失。

但是随着人们对水土流失危害性认识的不断深入，水土流失治理工作愈加被重视与不断发展。水土保持措施能够在很大程度上改变下垫面的状况，使产流、汇流和产沙过程发生变化，逐步减少了流域洪峰和进入河道的泥沙量。20世纪80年代以来，辽河流域的水土保持主要体现在对辽河的重点产沙区柳河、西辽河流域的水土流失进行农、林、水、牧等综合治理，据有关统计，已建水平梯田 25.5×10^4 hm^2，造林 228×10^4 hm^2，种草 20×10^4 hm^2，修建谷坊42 576座，沟坝地 275×10^4 hm^2。

流域中梯田、森林、草地和果园等有利于降水的入渗，入渗的水分一部分补给地下水，另一部分则消耗于地表蒸发和植物的蒸腾作用，而不能进入地表径流，这也是辽河流域年径流量和输沙量整体上减少的因素之一。

辽河流域地势相对低平，水资源短缺，但农业发达，城镇化在全国居领先水平，大城市密布，加之防洪、治涝、灌溉、供水工程体系的调节，因此，水资源的利用程度很高，地表水利用程度已达 81.2%，其中，中下游达 85%，远高于松花江流域（松花江流域哈尔滨以上为 29.9%）。由于这种原因，造成降水量少的年份，年径流量更是急剧下降。

随着工农业生产对水的需求增加，而水资源在时间、空间分布上明显的不平衡，导致了水资源供需矛盾的加剧，工业、城镇、农业争水问题突出，水资源短缺已成为制约区域经济进一步发展的重要因素。

各灌溉工程的引水、引沙也使径流量和输沙量减少，统计表明 20 世纪 90 年代以来辽河干流灌溉和城市用水量年均达 $140\times10^8m^3$，较 20 世纪 90 年代以前明显增加。辽河流域大部分灌区分布在河流两岸。为保证灌溉用水，各地区兴建了大中型引水、提水工程 200 多处。取水量的增加直接降低了河流径流量，同时引起河流输沙能力的降低。

据统计，新中国成立以来，辽河流域共兴建大中小型水库 973 座，其中，大型水库 17 座，控制流域面积占全流域面积的 28%，总库容 $165\times10^8m^3$；中型水库 76 座，总库容 $24\times10^8m^3$，与已建成的 1.8×10^4km 堤防一起保护着沈阳、鞍山、抚顺、本溪、辽阳、盘锦、营口、铁岭、通辽等 36 座城市。

包含科学合理水土保持措施的水利工程，尤其是大、中型水库的建成和运用，对径流和泥沙均有拦蓄作用。水库对径流的分配也起调节作用，由于上游水库的影响，辽河中下游汛期和非汛期的径流量分配发生了很大变化，使汛期干流河道的基流减小，所形成的洪水水量偏小，其输沙能力也大为减弱。

虽然人类活动对辽河流域内水土保持方面产生消极或积极的影响，但随着人类环境保护意识的提高，对水土保持工作认识的加深，流域综合治理工作力度的加大，使得人类活动对环境的影响更多向积极一面发展。例如辽河流域内水土保持、辽河引水、水利工程兴建和调控等措施已取得了显著的成效。

基于上述诸因素综合作用使得辽河流域水沙量呈现下降趋势。

本章小结

本章分析计算了辽河干流径流、泥沙特性，及径流与泥沙之间的关系。结果表明，辽河径流的丰枯变化较大，辽河干流通江口、铁岭、巨流河 3 座水文站历年天然最大径流量分别为历年天然最小径流量的 21.6 倍、13.4 倍、13.8 倍。径流量的年内分配极不均匀，7 月、8 月径流量基本都占到全年径流总量的 50% 以上。辽河流域水资源时空分布与需求不协调，开发不足与开发过度并存；地下水开发利用程度较高，局部地区超采严重；整体用水效率偏低，具有一定节水潜力；水污染严重；河道断流日趋严重，与水相关的生态环境问题突出；用水的管理水平亟待提高。

从辽河流域水沙分布来看，东侧支流来水量占 59.7%，是辽河中、下游径流量的主要来源，其中，清河占 24.7%；西侧支流悬移质输沙量占 86.4%，是辽河干流泥沙的主要来源，有“东水西沙”的分布特点。辽河沙量的年内分配比水量更为集中，汛期的水量占全年的60% ~75%，而沙量则占85.2% ~90.6%，其中，7月、8月占全年沙量的66% ~71.1%。辽河输沙量年际变化很大，辽河干流通江口站、铁岭站、巨流河站、六间房站最大年输沙量分别是最小年输沙量的11 454倍、1 288倍、529倍、737倍。

经对比选择推移质输沙率采用沙莫夫公式计算辽河干流推移质泥沙，结果表明，辽河干流各站推移质输沙率较接近，输沙量为$25\times10^4 \sim 32\times10^4$t。虽然输沙量相差不是很大，但推移质泥沙颗粒粒径相差较大，即推移质粒径沿程细化，下游推移质粒径小于上游，清河口至柳河口河段泥沙粒径为全河段中最粗河段。

对辽河干流1988—2010年水沙变化发现，23年间各测站的水量与沙量呈现明显的下降趋势。水沙年内分配规律变化并不明显，径流量年内分配基本与年内输沙量相一致。辽河干流年径流量与输沙量的相关关系特点：①年径流量与输沙量具有明显的指数相关关系，径流量是影响输沙量的主要因素之一。②干流中游的水沙相关性好于下游。影响辽河干流径流、泥沙的因素主要有降雨和人类活动两个方面。降雨因素中尤其以暴雨产生径流对泥沙产生影响最为显著。人类活动对流域径流泥沙影响可分为两个方面，一方面是人类不合理活动对泥沙产生的影响，另一方面是人类控制泥沙的积极因素。

4 辽河干流不同粒径泥沙研究

辽河流域上游，尤其是西辽河流域植被稀疏，全年径流量变化较大，导致整个流域范围内土壤侵蚀和水土流失严重，河道泥沙沉积问题比较突出。对此分析研究不同河段、不同时段的泥沙颗粒组成将为治理河道淤积及合理利用地表水资源提供参考依据。本章内容根据辽河干流水文资料 1988 年至 2007 年 20 年的水文站观测资料（由于 2008 年以后测量收集的泥沙粒径级配数据标准改变，故本次分析未采用），对辽河干流泥沙颗粒特征进行分析，研究不同粒径组泥沙在不同时段、不同河段的分布规律，以及不同粒径泥沙对下游河道泥沙沉积，所需输沙水量的影响，反映出流域内泥沙的运移规律。

辽河干流区主要有通江口站、铁岭站、马虎山站、巨流河站、平安堡站和辽中站 6 个用于径流泥沙粒径观测的水文站。根据水文站泥沙颗粒级配资料，将泥沙粒径组分为 <0.007mm、0.007 ~ 0.01mm、0.01 ~ 0.025mm、0.025 ~ 0.05mm、0.05 ~ 0.1mm、0.1 ~0.25mm、>0.25mm 7 个分组，并根据粗细不同颗粒泥沙在水、沙两相流中的作用，结合泥沙中数直径、平均粒径等进行分析，研究不同粒径组泥沙分布特征和对下游河道的淤积、行洪能力及输沙水量的影响。

4.1 辽河干流悬移质泥沙颗粒分布特征

辽河流域泥沙含量多，淤积下游，危害严重，不同粒径泥沙所需输沙水量亦不相同。而河流中泥沙颗粒性质和级配受泥沙来源区降雨产流、地貌侵蚀及侵蚀物质情况影响较大。通过分析不同测站、不同时段泥沙粒径的分布，得出不同粒径泥沙在辽河干流的分布特征。

4.1.1 不同测站泥沙粒径的分布特征

通江口测站从 1988 年到 2007 年 20 年间测得悬移质平均粒径为 0.040mm，中数粒径为 0.034mm，最大粒径为 0.677mm。

根据通江口测站 20 年各年悬移质泥沙粒径组分分布情况可以得出，以粒径级配为 0.025 ~0.05mm、0.05 ~0.1mm 和 0.01 ~0.025mm 组分所占比重大（图 4 -1），其中，在 1990 年、1994 年和 1995 年 0.025 ~0.05mm 粒径组分所占比重超过泥沙总重的 50%，0.05 ~0.1mm 粒径组分平均含量也在 30%，可推知该站附近流域泥沙补充量较大，输沙粒径以大中粒径为主，河流泥沙沉积情况较轻，对下游河道的泥沙沉积有一定的影响。为防止泥沙沉积河道，可通过水库调节等方式适时增大输水量进行

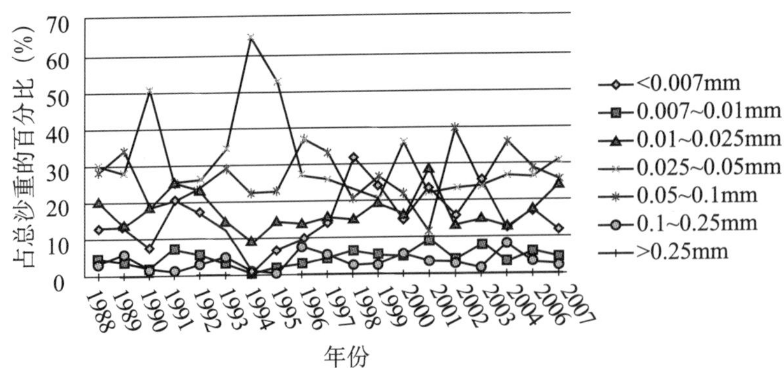

图 4-1　通江口测站悬移质各粒径沙重百分数变化特征

Fig. 4-1　The characteristics of the suspended sedimentary particle size from the Tongjiang-kou station

排沙调控，为下游防洪排淤减轻压力。

铁岭测站从1988年到2007年20年间测得悬移质平均粒径为0.042mm，中数粒径为0.068mm，最大粒径为0.733mm。

根据铁岭测站20年各年悬移质粒径组分分布情况可以得出，以粒径级配为0.025~0.05mm、0.05~0.1mm和0.01~0.025mm组分所占比重大（图4-2），其中，1990年、1991年、1992年、1994年、1995年0.025~0.05mm粒径组分所占比重均超过泥沙总重的50%，粒径组组分年分布与上游通江口测站粒径分布趋势相近。0.05~0.1mm和0.01~0.025mm粒径组分所占比重在20%以上。根据河流分布及测站地理位置推知由于上游支流汇水较多，铁岭站附近流域泥沙补充量大，部分年份大粒径组分所占比重甚至超过上游的通江口测站，对下游河道泥沙沉积有较大影响。为防止泥沙在下游沉积，应注意监测下游测站泥沙含量，通过人工调配径流等方式适当提高输沙水量，减少泥沙颗粒沉积。

马虎山测站从1988年到2007年20年间测得悬移质平均粒径为0.034mm，中数粒径为0.026mm，最大粒径为0.746mm。

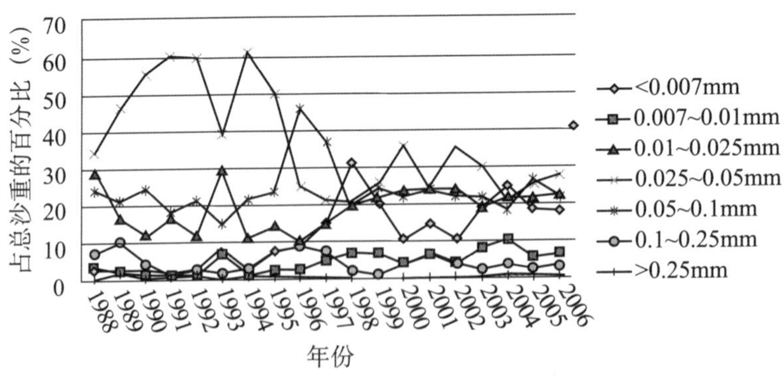

图 4-2　铁岭测站悬移质各粒径沙重百分数变化特征

Fig. 4-2　The characteristics of the suspended sedimentary particle size from the Tieling station

根据马虎山测站20年（1995年、1996年、1997年、2005年4年数据缺测）各年悬移质粒径组分分布情况可以得出，各粒径级配所占比重较前两个测站有了较为明显的变化（图4－3）。以粒径级配为0.025～0.05mm、0.01～0.025mm和0.05～0.1mm组分所占比重大，其中，在0.005～0.05mm粒径组分所占比重为30%左右，比重下降明显，0.01～0.025mm粒径组分所占比重超过0.05～0.1mm粒径组分，且两组粒径平均含量也在20%～25%，<0.007mm粒径组分的含量上升幅度较大，所占比重超过15%。可推知该站附近流域泥沙补充量减少，河流泥沙沉积情况显现，大粒径组分泥沙沉积河道，测站流域范围应注意排沙行洪，减少泥沙淤积可能带来的危害。

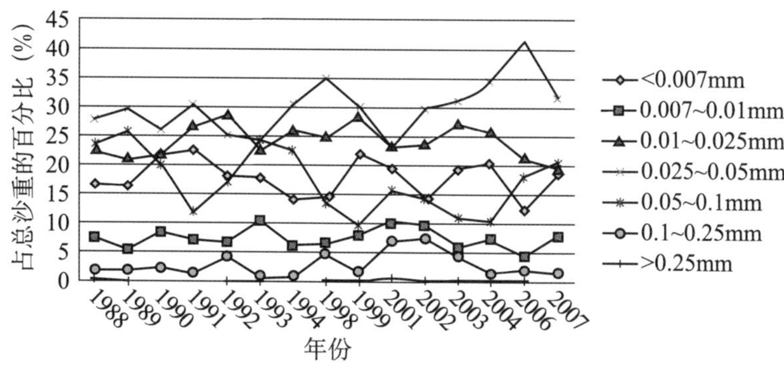

图4－3　马虎山测站悬移质各粒径沙重百分数变化特征

Fig. 4－3　The characteristics of the suspended sedimentary particle size from the Mahu-shan station

巨流河测站从1988年到1996年9年间（1997年之后数据缺测）测得悬移质平均粒径为0.033mm，中数粒径为0.026mm，最大粒径为0.746mm。

根据巨流河测站9年（1997年后数据缺测）各年悬移质粒径组分分布情况可以得出，各粒径级配所占比重与马虎山测站各粒径级配所占比重相似（图4－4）。以粒径级配为0.025～0.05mm、0.01～0.025mm和0.05～0.1mm组分所占比重大，<0.007mm粒径组分所占比重继续上升，超过15%接近20%。其中，在0.025～0.05mm粒径组分所占比重为30%左右，0.01～0.025mm粒径组分所占比重超过0.05～0.1mm粒径组分，且两组粒径平均含量也在20%～25%。由于该测站数据未进行全系列观测，可作为参考进行分析。可推知该站附近流域泥沙补充量减少，易发生河流泥沙沉积情况，对附近河道的泥沙沉积有很大的影响。测站流域范围应注意排沙行洪，减少泥沙淤积可能带来的危害。

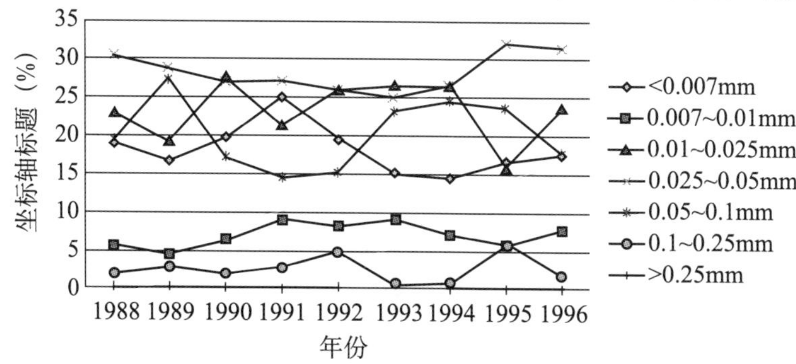

图4－4　巨流河测站悬移质各粒径沙重百分数变化特征

Fig. 4－4　The characteristics of the suspended sedimentary particle size from the Juliu-he station

平安堡测站从1988年到2007年20年间测得悬移质平均粒径为0.036mm，中数粒径为0.027mm，最大粒径为0.743mm。

根据平安堡测站近20年（2005年数据缺测）各年悬移质粒径组分分布情况可以得出，以粒径级配为0.025~0.05mm和0.01~0.025mm粒径组分所占比重大（图4-5），其中，0.025~0.05mm粒径组分所占比重为30%左右，0.01~0.025mm粒径组分所占比重在25%左右，0.05~0.1mm粒径组分和<0.007mm粒径组分的含量约为15%~20%。由于小粒径泥沙含量占多数，可推知该站附近流域泥沙以沉积为主，附近河道的泥沙沉积显著。该测站附近河段可作为调水调沙的起始观测站，根据测量泥沙粒径组分调整排沙水量，减少泥沙淤积可能带来的危害。

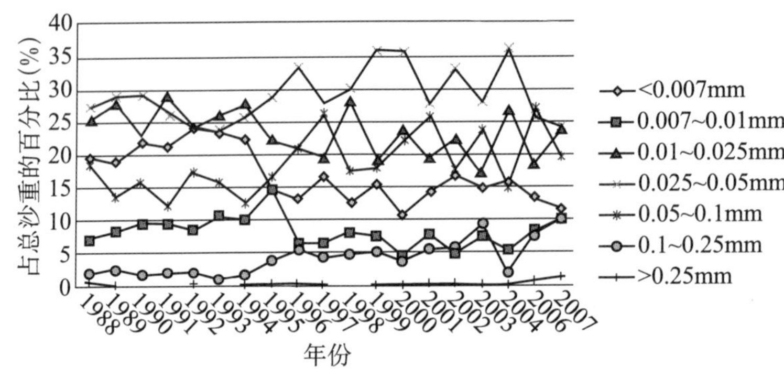

图4-5 平安堡测站悬移质各粒径沙重百分数变化特征

Fig. 4-5 The characteristics of the suspended sedimentary particle size from the Pingan-bao station

辽中测站从1988年到2007年20年间测得悬移质平均粒径为0.036mm，中数粒径为0.026mm，最大粒径为0.608mm。

根据辽中测站20年（2005年数据缺测）各年悬移质粒径组分分布情况可以得出，以粒径级配为0.025~0.05mm和0.01~0.025mm粒径组分所占比重大（图4-6），其中，0.025~0.05mm粒径组分所占比重为25%左右，0.01~0.025mm粒径组分所占比重在22%左右，0.05~0.1mm粒径组分和<0.007mm粒径组分的含量约为20%，0.007~

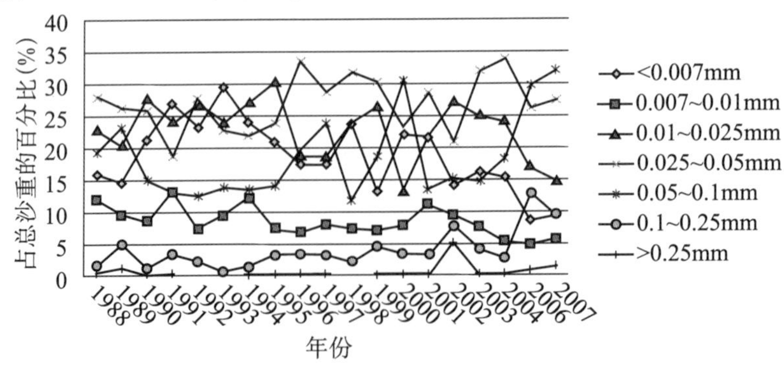

图4-6 辽中测站悬移质各粒径沙重百分数变化特征

Fig. 4-6 The characteristics of the suspended sedimentary particle size from the Liaozhong station

0.01mm 粒径组约占 10%。由于小粒径泥沙含量占多数，可推知该站附近流域泥沙以沉积为主，附近河道的泥沙沉积显著。该测站附近河段亦可作为调水调沙河段，通过上、下游河段共同调控泥沙，根据不同泥沙颗粒含量调整排沙水量和日期，确保河道畅通，减少泥沙淤积可能带来的危害。

辽河干流中下游各测站的多年平均情况下不同粒径级配的泥沙所占总沙重的百分比见表 4-1。依据各主要测站所测得的结果进行分析比较可以看出，辽河干流悬移质泥沙各粒径级配分布表现出一定的差异性，从沿河段变化来看，河流上游泥沙颗粒级配大的泥沙占总沙重的百分数较大，表现出上游颗粒级配较下游颗粒级配要大。其中铁岭站河段级配最粗，其中，数粒径为 0.068mm，粗粒径泥沙组分占总沙重 65% 以上。辽河下游辽中站河段级配最细，小粒径级配所占泥沙总重百分比大，其中，<0.007mm 粒径和 0.007~0.01mm 粒径百分比重大于其他各测站。

造成各测站泥沙粒径特征不同的主要原因是上游区和产流区泥沙来源、地貌侵蚀特征及程度、以及河流流经区泥沙输移沉积过程的不同。辽河干流水量受季节降水影响大，河流来水主要由降雨产流提供，具备一般的冲积性河流的特征，即泥沙在其输移过程中分选沉降作用明显，河流流经地势崎岖不平、植被覆盖度低的地域泥沙沉降少，并且由于降水的发生还将导致河流泥沙大幅度提高，大颗粒级配的泥沙含量上升；流经平坦地区河流所携带的大颗粒泥沙沉降明显，流速减慢，表现出河流悬移质泥沙颗粒级配以小颗粒级配占多数。因此辽河干流悬移质泥沙自上而下逐渐变细。巨流河站至辽中站河段附近为强烈沉积区，悬移质泥沙细化作用明显，多年平均 <0.007mm 粒径组分由 11.6% 增至 18.67%，0.007~0.01mm 粒径组分由 4.46% 增至 8.5%，0.01~0.025mm 粒径组分由 17.69% 增至 22.79%，0.025~0.05mm 粒径组分由 36.68% 减至 26.86%，0.05~0.1mm 粒径组分由 26.58% 减至 18.48%，>0.25mm 以上粒径组分含量变化不大(表 4-1)。

表 4-1 辽河中下游不同测站悬移质泥沙粒径特征（1988—2007）

Tab. 4-1 The characteristics of the suspended sedimentary particle size from the different stationin the middle and lower reaches of Liaohe River (1988—2007)

测站	<0.007mm 沙重百分数（%）	0.007~0.01mm 沙重百分数（%）	0.01~0.025mm 沙重百分数（%）	0.025~0.05mm 沙重百分数（%）	0.05~0.1mm 沙重百分数（%）	0.1~0.25mm 百分数（%）	>0.25mm 沙重百分数（%）
通江口站	15.47	4.85	17.69	31.44	26.58	3.76	0.34
铁岭站	11.60	4.46	18.98	36.68	23.75	4.06	0.58
马虎山站	17.93	7.47	24.23	29.93	17.27	2.96	0.38
巨流河站	18.26	7.07	23.30	28.28	20.37	2.57	0.28
平安堡站	16.75	8.14	23.24	28.84	18.61	4.16	0.34
辽中站	18.67	8.50	22.79	26.86	18.48	4.03	1.07

4.1.2 泥沙颗粒时间变化特征

表4-2 铁岭水文站悬移质泥沙粒径各月分布特征（1988—2007）

Tab. 4-2 The characteristics of the suspended sedimentary particle size from the different months at Tieling station（1988—2007）

月份	<0.007mm 沙重百分数（%）	0.007～0.01mm 沙重百分数（%）	0.01～0.025mm 沙重百分数（%）	0.025～0.05mm 沙重百分数（%）	0.05～0.1mm 沙重百分数（%）	0.1～0.25mm 沙重百分数（%）	>0.25mm 沙重百分数（%）
3	7.64	3.21	12.38	28.18	37.42	10.34	0.97
4	10.94	4.37	21.99	31.97	24.92	5.28	0.79
5	8.15	3.56	13.40	33.17	33.35	7.25	1.31
6	10.08	3.82	16.05	30.77	32.44	6.20	0.74
7	14.10	4.73	17.94	34.77	23.72	4.01	0.85
8	11.88	4.49	18.52	38.21	22.91	3.58	0.42
9	8.69	3.36	16.28	34.79	29.98	6.20	0.81
10	6.54	3.18	14.55	36.71	31.57	6.44	1.33
11	6.75	3.25	15.45	35.48	31.87	6.35	1.02

分析悬移质泥沙级配随时间的变化可以从不同的时间尺度进行研究，既可以考虑按年代、年、季度、月、次特征进行分析研究，研究不同季节（如汛期、非汛期）、不同月份及年际间泥沙粒径特征的变化规律，也可以通过研究一次洪水过程泥沙颗粒特征的变化，以及不同场次洪水泥沙颗粒特征的变化，进而通过不同时间尺度下悬移质泥沙粒径特征的变化规律反映出河流内泥沙颗粒组成的运移过程（巩琼，2007）。这里选用不同年、月，与年际间悬移质泥沙颗粒的粒径变化进行研究。铁岭测站处于辽河干流偏上区域。根据铁岭水文站资料，得出其20年不同月份平均粒径级配分布状况如图4-7所示。

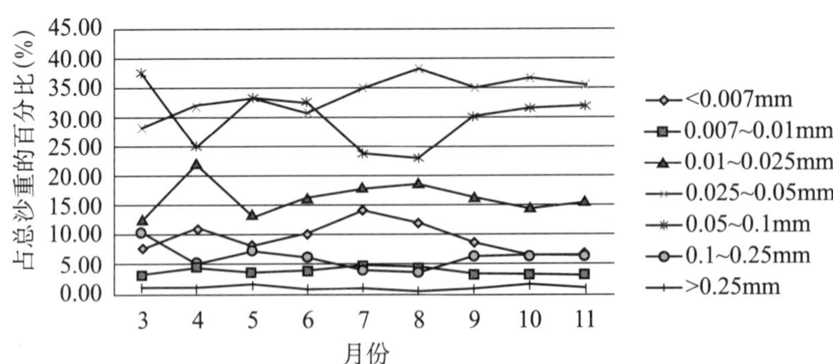

图4-7 铁岭水文站20年各月泥沙粒径变化

Fig. 4-7 Interannual changes of sediment size at Tieling station in the different months in 20 years

由图4-7和表4-2可知，对铁岭水文站不同年份相同月份泥沙粒径多年平均值的统计，结果表现出越接近年内丰水期河道悬移质泥沙粒径级配越趋向于细小的规律。由此进一步说明了不同降雨及产流性质与过程的差异，将导致径流对土壤沟岸的侵蚀与再搬运过程在时间上的差异。多雨季节降水冲击侵蚀植被稀疏的土壤，形成以径流侵蚀提供河道悬移质的泥沙为主，泥沙颗粒主要受侵蚀物质的成分影响。这一时期，降雨次数多，具有较强的土壤侵蚀力，而且坡面汇聚的径流也具有较高的挟沙力，致使河道中悬移质泥沙多由坡面侵蚀泥沙提供。尤其是在洪水条件下，暴雨径流使坡面土壤受到相对强烈的侵蚀，并随径流进入河道，坡面侵蚀物的增加使河道悬移质的粒度相对变细（巩琼，2007）。

在干旱或少雨季节则以河水径流对河道沉积泥沙的再搬运为主，这一时期，在较小流量条件下，没有产生地表径流或汇入地表径流较少，因此坡面侵蚀量相对较少（坡面侵蚀多为颗粒较细泥沙），此时悬移质泥沙多为径流冲刷河床而产生的（河道侵蚀多为颗粒较粗泥沙）（巩琼，2007）。而且降雨及侵蚀性降雨较少，坡面径流侵蚀力小或没有坡面产流，河道外泥沙不能被搬运到河水中，河道径流主要由地下水补给或壤中流提供，相对清澈的河道径流具有一定的挟带泥沙的能力，致使河道沉积的相对较粗泥沙发生重新悬浮移动。但挟带程度不明显（宋玉亮等，2010）。

辽中测站是辽河干流下游区最主要的泥沙观测站之一。辽河流经辽中等测站时，地形平坦，河水流速减缓，水中泥沙分级情况较明显，辽中站是测定水中悬浮泥沙和沉积泥沙的主要测站，也是进行调水排沙的主要区域。辽中测站 20 年相同月份平均粒径级配分布状况如表 4－3 所示。

表 4－3 辽中水文站悬移质泥沙粒径各月分布特征（1988—2007）

Tab. 4－3 The characteristics of the suspended sedimentary particle size from the different months at Liaozhong station（1988—2007）

月份	<0.007mm 沙重百分数（%）	0.007～0.01mm 沙重百分数（%）	0.01～0.025mm 沙重百分数（%）	0.025～0.05mm 沙重百分数（%）	0.05～0.1mm 沙重百分数（%）	0.1～0.25mm 沙重百分数（%）	>0.25mm 沙重百分数
3	14.65	7.81	17.65	27.00	23.42	8.27	1.49
4	17.91	9.52	23.92	24.98	18.86	4.23	0.78
5	17.67	8.89	22.41	26.09	19.95	4.13	1.14
6	17.37	9.04	20.64	27.11	20.11	5.17	0.73
7	18.66	8.30	22.25	28.00	18.96	3.23	0.83
8	19.13	8.06	22.67	27.35	18.69	3.45	1.03
9	18.43	9.39	22.21	26.98	18.05	4.45	0.48
10	19.47	9.61	21.25	25.03	20.22	3.74	0.68
11	21.63	10.08	26.73	25.60	12.05	3.07	0.83

由图 4－8 和表 4－3 可见，辽中测站多年平均各月的泥沙粒径级配呈现大致稳定的趋势。各粒径级配所占泥沙总重的百分比在各月分布大致相同。造成此情况的原因是，辽河下游产沙区自 20 世纪 80 年代被列入全国水土流失重点治理区之一，经过近 10 年的大规模水土流失治理，形成了该区域以坡面拦蓄径流泥沙的水保工程，坡面细颗粒泥沙对河道泥沙的供应能力已经大为减少。相对而言河道发生冲刷的年份有所增加，就单次降雨而言，只有较大降水径流条件下，才会带来下游河道的淤积，一般降水径流多使下游河道产生冲刷，即这一时期，水文站观测到悬移质泥沙中由河道冲刷而带来的相对较

粗颗粒泥沙的比例有所增加，辽河下游泥沙的粗化说明其支流柳河上游水土保持对坡面产沙控制效果显著。

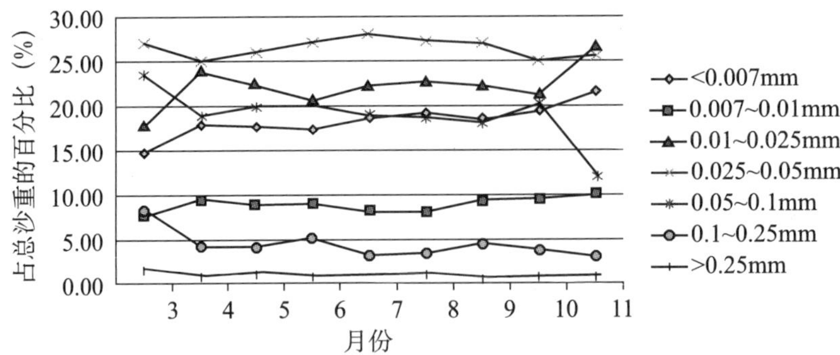

图 4-8　辽中水文站 20 年各月泥沙粒径变化

Fig. 4-8　Interannual changes of sediment size at Liaozhong station in the different months in 20 years

由图 4-9、图 4-10 平安堡水文站泥沙粒径年际统计可见，20 世纪 90 年代以前泥沙粒径总体变化不大，至 90 年代中后期泥沙粒径总体有所增大。其中，由于观测原因，80 年代观测数值较少，或许会在一定程度上影响到对结果的判断，但对泥沙粒径总体变化趋势的判断应该影响不大。对造成平安堡水文站 20 世纪 90 年代中后期泥沙粒径增大的原因分析认为，辽河下游产沙区柳河流域上游自 20 世纪 80 年代被列入全国八片水土保持重点治理区之一，经过近 10 年的大规模水土保持治理后，对该区域的水土保持工作一直未间断过，该区域水土流失治理的特点是以坡面拦蓄径流泥沙的水土保持工程为主，经过 10 余年的水土保持治理后，坡面细颗粒泥沙对河道泥沙的供应能力已经大为减少。纵观辽河下游河道泥沙冲淤情况可见，尽管流域下游河道一直以泥沙淤积为主，但至 20 世纪 90 年代中后期这种淤积的趋势及淤积的量已经大大减缓和减少，河道发生冲刷的年份也有所增加，就单次降雨而言，只有较大降水径流条件下，才会带来下游河道的淤积，一般降水径流多使下游河道产生冲刷，即这一时期，水文站观测到悬移质泥沙中由河道冲刷而带来的相对较粗颗粒泥沙的比例有所增加，进而表现出如图 4-9 所示泥沙颗粒年际变化情况。这种研究结果与倪晋仁等（1997）对黄河中游水土保持措施对入黄干支流泥沙粒径影响的研究有所不同，他们的研究中水土保持措施的实施主要是使

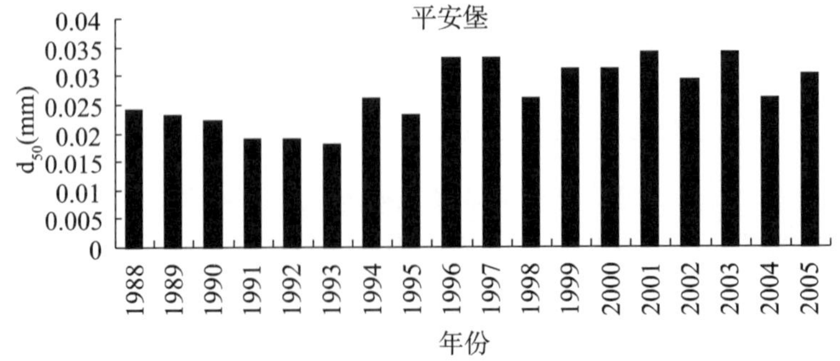

图 4-9　平安堡水文站泥沙粒径年际变化

Fig. 4-9　Interannual changes of sediment size at Pingan-bao station

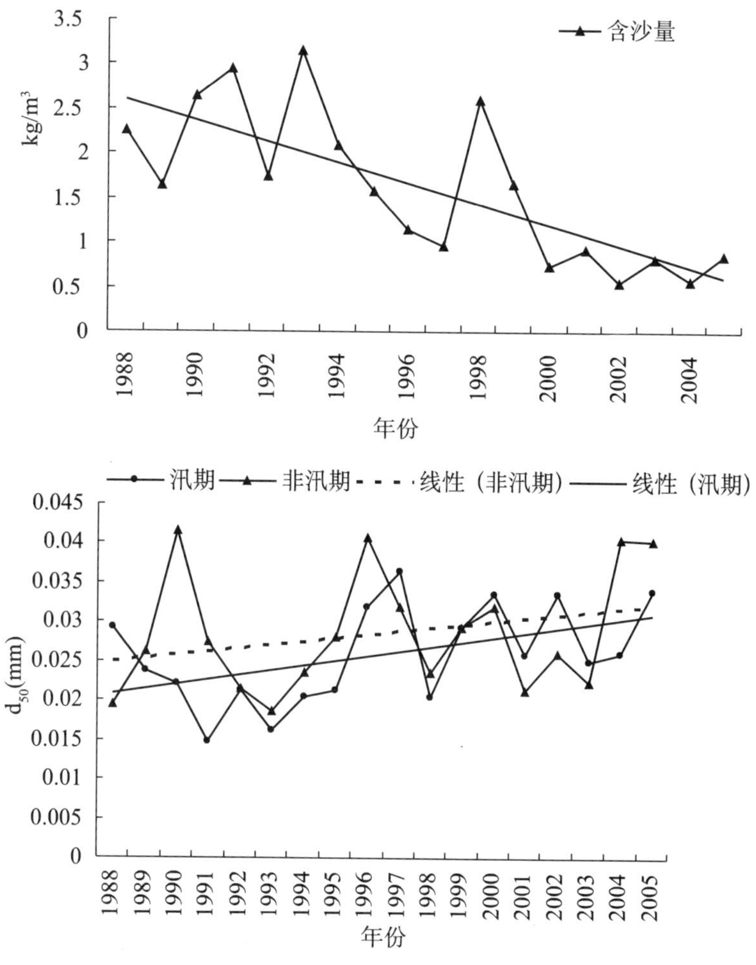

图 4－10 平安堡水文站含沙量及泥沙粒径不同季节年际变化

Fig. 4－10 Interannual changes of sediment concentration and sediment size at Pingan-bao station in the flood season and lower stage season

入黄泥沙粒径有所减小。分析造成这种差异的可能原因应该与水土保持措施防蚀效果、水土流失治理程度及重点治理区域的选择等有关。黄河中游泥沙细化说明对黄河中游粗沙区的水土流失治理效果显著，辽河下游泥沙的粗化说明其支流柳河上游水土保持对坡面产沙控制效果显著。

这里选用不同季节，即汛期（6～9 月）与非汛期（1～5 月及 10～12 月）与年际间悬移质泥沙颗粒的粒径变化进行研究，分析结果如图 4－11、图 4－12 所示。

由图 4－11、图 4－12 可见，几乎各站泥沙粒径多年平均值均表现出 d_{50} 为非汛期 > 汛期；<0.01mm 的沙量百分数为非汛期 < 汛期；>0.05mm 的沙重百分数为非汛期 > 汛期。这是因为，在较小流量条件下，没有产生地表径流或汇入地表径流较少，因此坡面侵蚀量相对较少（坡面侵蚀多为颗粒较细泥沙），此时悬移质泥沙多为径流冲刷河床而产生的（河道侵蚀多为颗粒较粗泥沙）。在多雨季节以径流侵蚀坡面土壤提供河道悬移质泥沙为主，这一时期，降雨具有较高的侵蚀力，坡面汇聚径流亦具有较高挟沙力，河道悬移

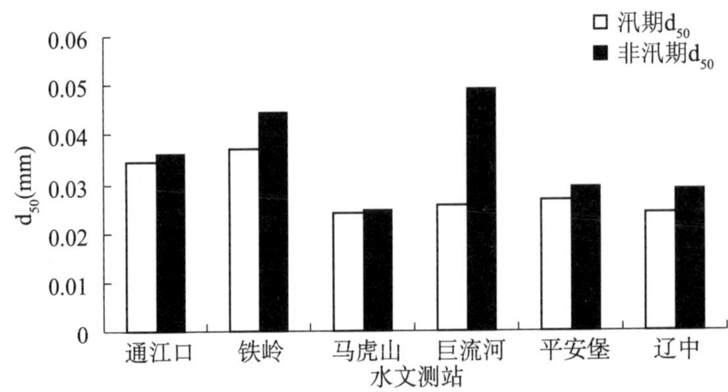

图 4-11　辽河中下游各水文站汛期与非汛期 d_{50} 的变化特征

Fig. 4-11　The changing characteristics on the d_{50} of the suspended sediment from the gauging station of the middle and lower reaches of Liaohe River in flood season and non-flood season

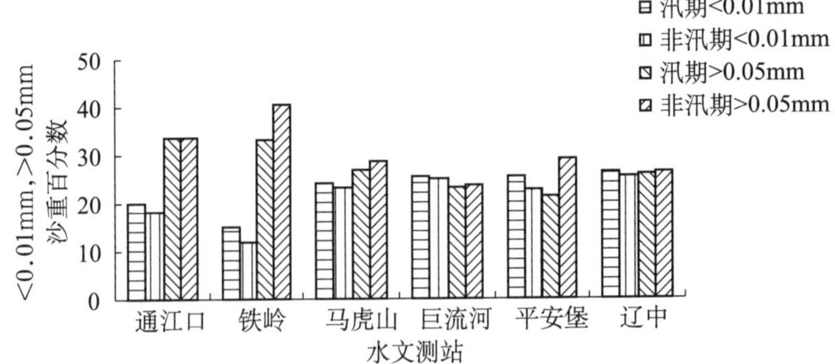

图 4-12　辽河中下游各水文站汛期与非汛期 <0.01mm、>0.05mm 的沙重百分数变化特征

Fig. 4-12　Information on the size <0.01mm and >0.05mm percentage in the suspended sediment collected from the gauging station of the middle and lower reaches of Liaohe River in flood season and non-flood season

质泥沙多由坡面侵蚀泥沙提供。尤其是在洪水条件下，暴雨径流使坡面土壤受到相对强烈的侵蚀，并随径流进入河道，坡面侵蚀物的增加使河道悬移质的粒度相对变细。

图 4-13 为对辽河干流各水文站不同月份泥沙粒径多年平均值的统计，多数水文站观测结果统计都表现出越接近年内丰水期河道悬移质泥沙粒径越细的规律。这种规律更进一步说明了降雨、径流性质与过程的不同，将带来径流对土壤、侵蚀泥沙的侵蚀与再搬运过程在时间上的差异。多雨季节以径流侵蚀坡面土壤提供河道悬移质泥沙为主，这一时期，降雨具有较高的侵蚀力，坡面汇聚径流亦具有较高挟沙力，河道悬移质泥沙多由坡面侵蚀泥沙提供。少雨季节以径流对河道沉积泥沙的再搬运为主，这一时期，降雨及侵蚀性降雨较少，坡面径流侵蚀力小或没有坡面产流，河道径流主要由地下水补给或壤中流提供，相对清澈的河道径流具有一定的挟带泥沙的能力，因而，致使河道沉积的相对较粗泥沙发生重新悬浮移动。应该特殊说明的是，少雨季节河道悬移质中由河道沉积泥沙的重新移动提供较多，但这并不意味着这一时期重新移动的河道沉积泥沙在总量

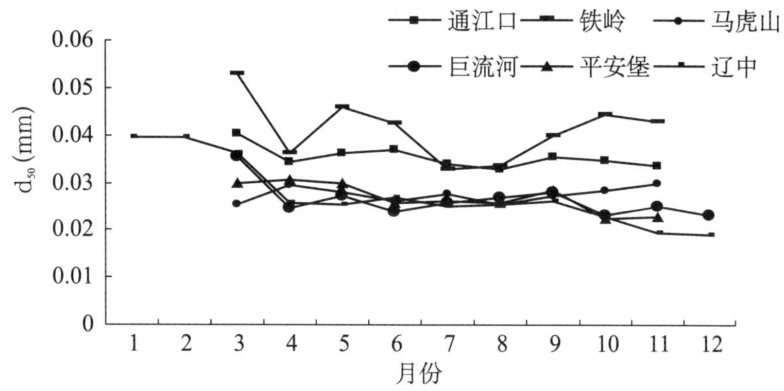

图 4-13 辽河中下游各水文站不同月份泥沙粒径多年平均统计

Fig. 4-13 Mean annual sediment size in different months at the gauging stations of the middle and lower reaches of Liaohe River

上绝对多于多雨季节河道径流对河道沉积泥沙侵蚀的总量，而是在相对比例上较多而已，但这种比例上的差异则直接表现为如图 4-13 所示泥沙粒径在不同时期的差异。

总的来看，随着河流沿程的变化，由于不同流域的性质有所不同，泥沙粒径级配的分布受到较大的影响。并且由于泥沙分选沉降的作用，从上游至下游泥沙粒径呈细化趋势，粒径组分受区域内水土保持措施影响较大；在时间分布上，因为河道悬移质泥沙组成在丰水期由坡面侵蚀相对较细颗粒泥沙所占比例较大，而在枯水期由河道沉积泥沙再搬运所带来的相对较粗颗粒泥沙比例较大，所以，丰水期悬移质泥沙粒径一般小于枯水期泥沙粒径。

4.2 辽河干流河床泥沙颗粒特性

辽河干流床沙按形态差别自上而下可分为 5 个河段，分别为福德店—清河口、清河口—石佛寺、石佛寺—柳河口、柳河口—盘山闸、盘山闸—河口，各河段床沙特性如表 4-4 所示。采集样沙特性及级配见表 4-5 至表 4-7。

表 4-4 辽河干流各河段床沙特性表

Tab. 4-4 The sediment characteristics of various river bed in the main stream of Liaohe River

河段	床沙主要组成	中值粒径（mm）
福德店—清河口	粉沙、黏粒和细沙	<0.15
清河口—石佛寺	中沙、粗沙	0.3~0.6
石佛寺—柳河口	细沙、粉细沙	0.15~0.3
柳河口—盘山闸	粉细沙，含黏粒	<0.15
盘山闸—河口	粉细沙或更细，含淤泥质	<0.15

表 4-5 辽河各河段床沙特性表

Tab. 4-5 The sediment characteristics of various river bed in Liaohe River

河段	位置		含泥量（%）	细度模数	表观密度	吸水率	堆积密度（kg/m³）	孔隙率
			标准要求					
			<5	粗:3.7~3.1 中:3~2.3 细:2.2~1.6	>2 500	—	>1 350	<47
福德店—清河口	康平县	新发堡	12	0.9	2 490	3.8	1 400	44
		兰家街	97.4	0.3	2 380	4.4	1 100	54
	开原市	老边村	83.2	0.2	2 360	3.1	1 230	48
		清河口上游	3.8	1.8	2 450	2.7	1 300	47
		英守屯	2.2	2.5	2 580	2.7	1 410	45
			3.4	2.5	2 580	2.5	1 410	45
	铁岭县镇西堡镇	杜蒋窝棚	2.5	2.7	2 650	2.4	1 510	43
清河口—石佛寺	铁岭市银州区	马棚沟	3.3	1.8	2 570	3.3	1 430	44
		杨家窝棚	8.8	0.8	2 560	3.8	1 390	46
	铁岭县凡河镇	康熙楼	4.6	2.3	2 560	2.8	1 400	45
			1.9	2.3	2 610	2.6	1 420	46
			3	2.2	2 590	3.1	1 430	45
			2.4	2.4	2 610	2.5	1 430	45
石佛寺—柳河口	新民市	罗家房乡二道河村	4	1.6	2 570	3.2	1 380	46
		陶屯乡羊草沟村	6.8	1.6	2 570	3	1 380	46
		东蛇山子乡前莲村	2.5	1.9	2 580	3	1 410	45
柳河口—盘山闸	辽中县	腰屯大桥	6	0.9	2 540	4.3	1 370	46
	台安县	大张桥下	97	0.3	2 360	3.5	1 100	53
		六间房水文站	97	0.4	2 400	3.2	1 100	54
	盘锦	双台子闸	94.4	2	2 490	3.1	1 220	51
			85.7	0.5	2 380	4.4	1 200	50

表 4-6 辽河各河段床沙粒径级配表

Tab. 4-6 The sediment grading of various river bed in Liaohe River

粒径(mm)	小于某粒径的沙重百分数(%)										
	开原市		铁岭市银州区		铁岭县凡河镇				新民市		
	英守屯		马棚沟	杨家窝棚	康熙楼				罗家房乡二道河村	陶屯乡羊草沟村	东蛇山子乡前莲村
0.15	3	3	16	49	9	4	4	5	13	14	4
0.3	21	17	48	79	27	30	23	26	56	58	29
0.6	50	42	73	90	54	58	47	50	82	83	61
1.18	66	56	84	92	64	70	55	62	90	94	70
2.36	83	69	95	94	76	84	63	77	97	98	75
4.75	91	76	99	96	84	92	68	85	99	99	78
9.5	95	80	100	100	90	94	74	93	100	100	81
19	100	91			100	100	89	100			86
26.5		100					100				94

表 4-7 辽河各河段床沙粒径级配表

Tab. 4-7 The sediment grading of various river bed in Liaohe River

粒径(mm)	小于某粒径的沙重百分数(%)									
	康平县		开原市		铁岭县镇西堡镇	辽中县	台安县		盘锦	
	新发堡	兰家街	老边村	清河口上游	杜蒋窝棚	腰屯大桥	大张桥下	六间房水文站	双台子闸	
0.15	34	81	82	6	4	16	78	77	30	66
0.3	80	92	96	40	25	96	92	89	37	92
0.6	98	98	99	82	54	100	100	97	53	95
1.18	100	100	100	89	73			100	79	97
2.36				95	85				93	98
4.75				98	97				99	100
9.5				100	100				100	

①福德店—清河口河段床沙很细，主要组成为粉沙、黏粒和细沙。康平新发堡处床沙中细沙及更细粒径约占全沙的 35% 、细沙约占 45% 、中沙及更粗粒径约占 20% 。

②清河口—石佛寺河段床沙级配较其他河段均匀，主要组成为中粗沙。铁岭汎河镇康熙楼床沙中细沙及更细粒径约占 20% 、中沙及粗沙占 40% 、砾石及更粗粒径约占 40% 。

③石佛寺—柳河口河段床沙较细，主要组成为粉细沙。新民罗家房乡二道河床沙中中沙及细沙占 70% 。

④柳河口—盘山闸河段受柳河输沙，床沙偏细，主要组成为粉细沙，细沙及更细粒径约占 60% ~70% 。

⑤盘山闸—河口河段受海陆双向淤积，床沙极细，含淤泥质。

本章小结

本章对辽河干流泥沙颗粒研究表明，辽河干流悬移质泥沙各粒径级配分布表现出一定的差异性，从沿河段变化来看，河流上游泥沙颗粒级配大的泥沙占总沙重的百分数较大，表现出上游颗粒级配较下游颗粒级配要大。其中，铁岭站河段级配最粗，数粒径为 0.068mm，粗粒径泥沙组分占总沙重 65% 以上。辽河下游辽中站河段级配最细，小粒径级配所占泥沙总重百分比大，其中， <0.007mm 粒径和 0.007 ~0.01mm 粒径百分比重大于其他各测站。从泥沙颗粒年内变化来看，越接近年内丰水期河道悬移质泥沙粒径级配越趋向于细小的规律。在空间分布上，由于不同流域的性质有所不同，泥沙粒径受到较大的影响。由于泥沙分选沉降的作用，从上游至下游泥沙粒径呈细化趋势；在时间分布上，因为河道悬移质泥沙组成在汛期由坡面侵蚀相对较细颗粒泥沙所占比例较大，而在非汛期由河道沉积泥沙再搬运所带来的相对较粗颗粒泥沙比例较大，所以，汛期悬移质泥沙粒径一般小于非汛期泥沙粒径。平安堡—辽中河段的年冲淤量与进入下游河道的年沙量的相关系数值，随泥沙粒径组的变粗而增大，即来沙越粗，来沙量与河道淤积的关系越密切；单位输入沙量的变化所导致的淤积量变化，随着粒径的变粗而增大；下游河道泥沙从存贮到释放的来沙临界值，随泥沙粒径组的变粗而减小。进入辽河下游的泥沙对于河道的危害程度，随粒径的变粗而增大。在各个粒径级中， >0.10mm 的泥沙的危害最大， >0.05mm 的泥沙次之， >0.025mm 的泥沙再次之。

对辽河干流不同河段床沙颗粒分析可见，其粗细分布基本与悬移质粗细分布河段相一致。辽河干流泥沙呈现出由上游较粗泥沙到最粗泥沙河段，之后逐渐细化，至河口段呈现细沙与淤泥混合状态。

造成各测站泥沙粒径特征不同的主要原因是上游区和产流区泥沙来源、地貌侵蚀特征及程度、以及河流流经区泥沙输移沉积过程的不同。辽河干流悬移质泥沙自上而下逐渐变细。巨流河站至辽中站河段附近为强烈沉积区，悬移质泥沙细化作用明显，粒径组分受区域内水土保持措施及水利工程修建影响较大；在时间分布上，因为河道悬移质泥沙组成在丰水期由坡面侵蚀相对较细颗粒泥沙所占比例较大，而在枯水期由河道沉积泥沙再搬运所带来的相对较粗颗粒泥沙比例较大，所以，丰水期悬移质泥沙粒径一般小于枯水期泥沙粒径。

5 辽河干流泥沙沉积特性分析

对于具有水沙异源特性的大型流域，不同水沙来源区产生的泥沙对于沉积带沉积过程的影响是不同的（许炯心 1997，钱宁 1980），基于这种认识，可以在对与下游沉积带影响最大的泥沙来源区展开治理，来缓解下游河道沉积问题，从而减轻泥沙沉积对防洪的压力。钱宁、许炯心等先后研究了不同来源区水沙变化对黄河下游泥沙沉积的影响，取得了有意义的成果。对于长江上游流域的侵蚀产沙和中游的河道沉积，前人已进行了大量研究。如张信宝（2002）研究了长江上游干流和支流河流泥沙近期变化及其原因，许炯心（2007）研究了长江上游不同水沙来源区产沙量变化对宜昌—汉口河段泥沙冲淤量的影响。然而，对于辽河这样一条多泥沙河流，对其泥沙沉积特性，尚未进行过系统的研究。本章将以实测资料为基础，对此进行分析。

5.1 沉积环境与沉积分布

辽河上游两大支流东、西辽河在福德店汇合形成辽河干流，福德店至河口干流长度512km。福德店至铁岭河长约 200km，河道在铁岭以上为丘陵区河道，支流发育，水量丰富，平均河道比降 0.23‰，河宽 125 ~ 300m，平面形态蜿蜒曲折；铁岭以下进入平原，河宽 200 ~ 300m，比降 0.16‰ ~ 0.18‰，河道尚属稳定；但巨流河以下因有多沙支流柳河加入，使柳河口上、下河道淤积严重，比降上缓下陡，河道平面形态变为宽浅顺直，宽深比 5.7 ~ 33，主流分汊多变；六间房以下属河口区。总之，辽河河道蜿蜒曲折，河势多变。

辽河中、下游平原本是辽河不断泛滥、改道，长期淤积而成，故地势平坦，河道比降为 0.5‰ ~ 2‰。柳河泥沙是辽河柳河口以下河段淤积的主要来源。柳河泥沙，首先经过闹德海水库的调节进入下游，因此，闹德海水库的运行方式对下游河道泥沙的冲淤变化有很大的影响。闹德海水库在 20 世纪 70 年代把运行方式改为“蓄清排浑”，即每年 10 月下闸，翌年 4 月放水，汛前放空，闸门全部敞开，靠工程结构特点自然调节洪水，起到滞洪滞沙作用。这样的运行方式使得在非汛期的泥沙大部分留在了库区。而到了汛期，水库敞泄，把淤积在水库内的泥沙冲向下游。随着柳河两岸经济的快速发展，工农业对水量的需求加大，闹德海水库为了增加蓄水量，在汛期也开始蓄水，增加了库区内的泥沙淤积。一旦发生大洪水，则会携带更多泥沙到下游，增加下游防洪压力。由于柳河洪水与辽河洪水不遭遇，很快淤在河道内，造成辽干下游河床淤高，河槽摆动不稳。

西辽河上游现已经建成了大量水库及灌区、滞洪区。在没有大洪水的情况下，现有的水库及灌区、滞洪区基本可以调节西辽河的来水，使大部分水、沙拦截在西辽河河段。受水库、灌区、滞洪区的调水调沙影响，在西辽河无大洪水的情况下，辽河干流近40年内并没有因西辽河的泥沙而严重淤积。大部分泥沙被有效地拦截在水库、灌区、滞洪区内，同时，由于水量较小，西辽河挟沙能力减小，因此，即使有部分泥沙被带到下游，也会因沿程淤积而大部分留在了西辽河，只有小部分泥沙进入辽河干流。但是一旦发生一场大洪水，水库等无法调节，只有下泄洪峰。这样淤积在西辽河上游泥沙被大量带到下游，携带大量泥沙至辽河干流，致使辽河干流淤积严重。

5.2 辽河干流泥沙冲淤的时间、空间分布

由图5－1可见，辽河下游泥沙主要以淤积为主，产生冲刷的年份很少，且冲刷量不大。自1988年至2005年大部分年份辽河下游河道都发生了沉积，只有少数年份产生过冲刷，且冲刷量很小，大部分泥沙沉积在巨流河至六间房河段内。由表5－1可知，福德店站至六间房站1988—2005年总计淤积量为7 969.64×10^4t。从淤积的空间分布来看，淤积在巨流河站六间房站区间的为5 938.21.6×10^4t，占总淤积量的74.51%，淤积在铁岭站与巨流河站之间的为2 031.43×10^4t，占淤积总量的25.49%。

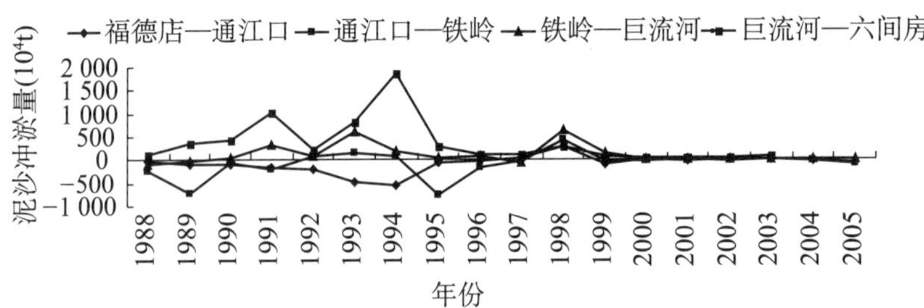

图5－1 辽河干流泥沙冲淤的时间、空间分布

Fig. 5－1 The time, spatial distribution of sediment and scour of the main stream in the middle and lower reaches of Liaohe River

注：正值为淤积量，负值为冲刷量（10^4t）

巨流河—新民—六间房133km长河段，在最近18年内就淤了5 938.21多万t泥沙，其主要淤积部位是在新民以下的柳河口三角洲，那里的辽河堤距达到4km宽，柳河堤距也有4km宽，历史上柳河自1840—1939年的100年内，曾改道15次之多，平均7年即发生一次，新中国成立以后又发生过3次改道，通过频繁改道，堆积出三角洲地形。辽河上游发生大水时，这里“大肚子”地形也是滞洪停沙的天然场地。目前，新民河段柳河已成悬河势态，河床比新民县城地面高6.2m，比火车站高4.3m，大堤内、外高差2m多，主槽只能过300m^3/s，一旦洪水决堤就会威胁新民县城。

5.3 辽河干流泥沙沉积特性分析

5.3.1 按输沙率统计

用输沙率法统计的辽河干流各河段，在1988—1998年、1999—2005年2个时段以及1988—2005年整个18年系列的总淤积量和多年平均值详见表5－1（其中，巨流河—六间房河段统计年段1988—2003年），并绘成冲淤量累积曲线如图5－2所示。1988—1999年辽河丰水丰沙，柳河也是丰沙，所以，各河段大冲大淤，其中，巨流河—六间房河段淤得最多，12年淤了5 630×10^4t，平均每年淤511.8×10^4t；2000—2005年是连续6年枯水，铁岭以上各段表现为微冲，巨流河—六间房河段淤积308.21×10^4t，平均每年淤61.642×10^4t；1988—2005年共18年长系列从上到下各段的多年平均淤积量分别为－84.4649×10^4t、－85.7 526×10^4t、112.8572×10^4t和371.1381×10^4t。

表5－1 辽河干流各河段冲淤量表

Tab. 5－1 Scale of scour and deposition of all the rivercourses in the middle and lower reaches of Liaohe River

时段（年）	项目（10^4t）	福德店—通江口	通江口—铁岭	铁岭—巨流河	巨流河—六间房
1988—1998	总淤积量	－1 356.8	－1 425.1	1 844	5 630
	平均每年淤积量	－123.345 5	－129.554 5	167.636 4	511.818 2
1999—2005	总淤积量	－163.568 6	－118.447	187.43	308.21
	平均每年淤积量	－23.366 9	－16.921	26.775 7	61.642
1988—2005	总淤积量	－1 520.37	－1 543.55	2 031.43	5 938.21
	平均每年淤积量	－84.464 9	－85.752 6	112.857 2	371.138 1

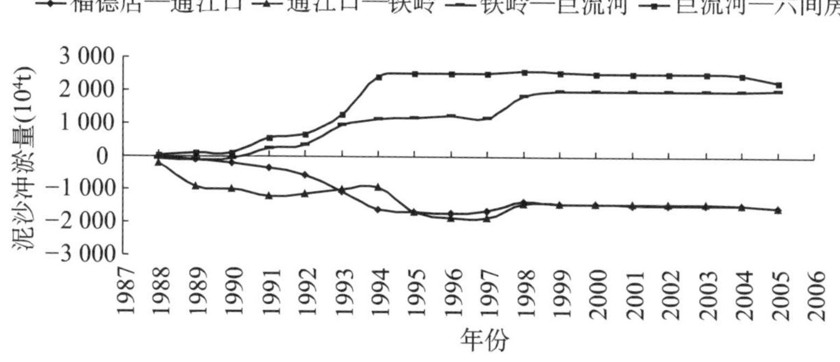

图5－2 辽河干流泥沙累计冲淤量

Fig. 5－2 The volume of accumulated scour of the sand in the middle and lower reaches of Liaohe River

注：正值为冲淤量，负值为冲刷量（10^4t）

5.3.2 上游水沙来源区水沙量与下游河段年冲淤量相关分析

对辽河干流流域1988—2003年的实测资料进行分析，点绘出巨流河—六间房河段全年沉积量与上游各水沙来源区的年水沙量可用幂函数进行拟合，如图5－3所示。从图中可以看到，巨流河—六间房的全年沉积量与新民站年径流量和年输沙量的相关系数分别为0.7425和0.8604，相关关系较其他测站更显著，由此可认为，巨流河—六间房年沉积量主要受多沙区柳河来沙来水的控制，与少沙清水区来水来沙的关系不密切。

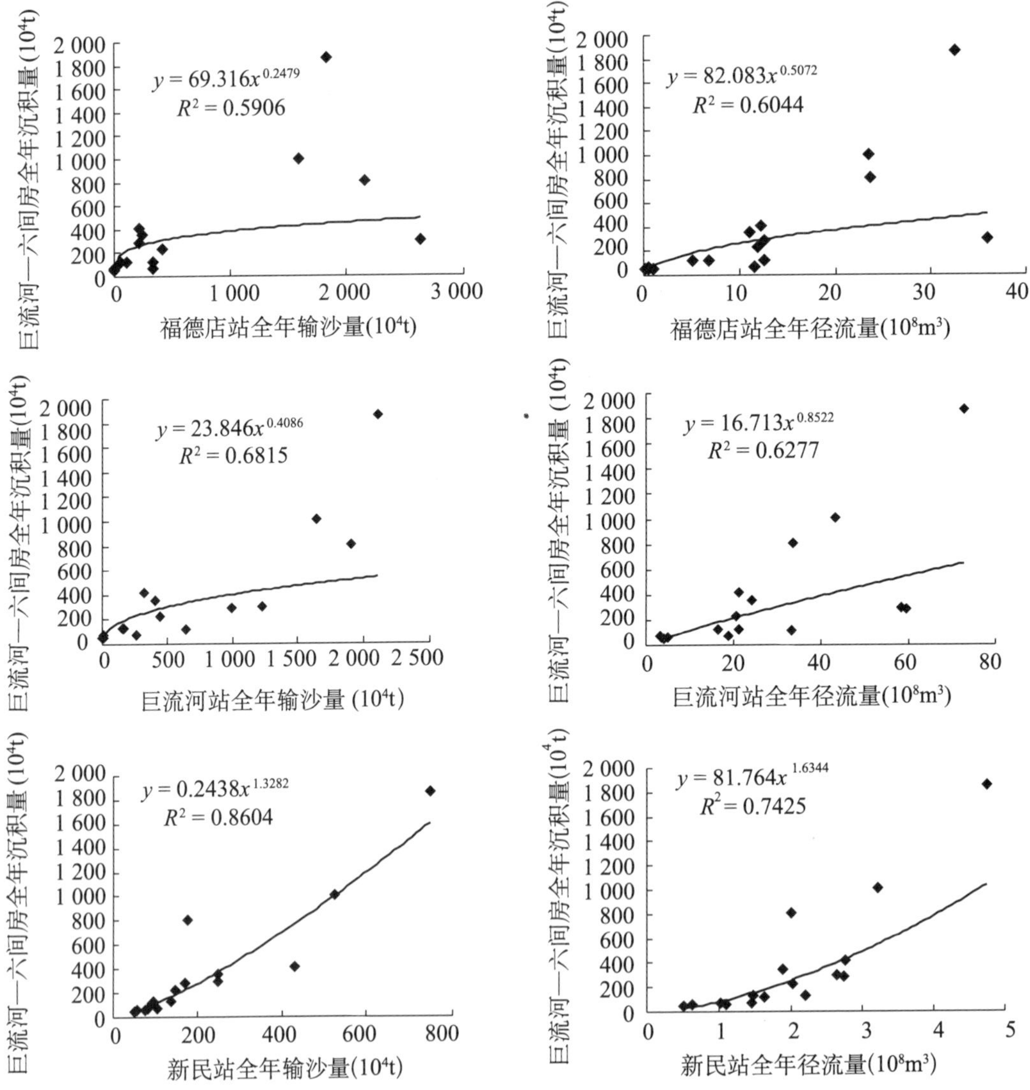

图5－3 巨流河—六间房河段全年沉积量与上游各水沙来源区的年水沙量的相关关系（1988—2003）

Fig. 5－3 The correlation between the annual deposition of water and sediment of Juliu-he to Liujian-fang rivercourse and the volume of water and sediment of the catchment area in the upper reaches of Liaohe River（1988—2003）

5.3.3 巨流河—六间房河段泥沙沉积量与柳河来水来沙量的关系

为了查明柳河产沙区对巨流河—六间房河段沉积量的影响，首先绘出新民站的年输沙量及巨流河—六间房河段沉积量随时间的变化图（图5－4）。可以看到，巨流河—六间房河段沉积量与柳河产沙区产沙量的变化有很好的同步关系。

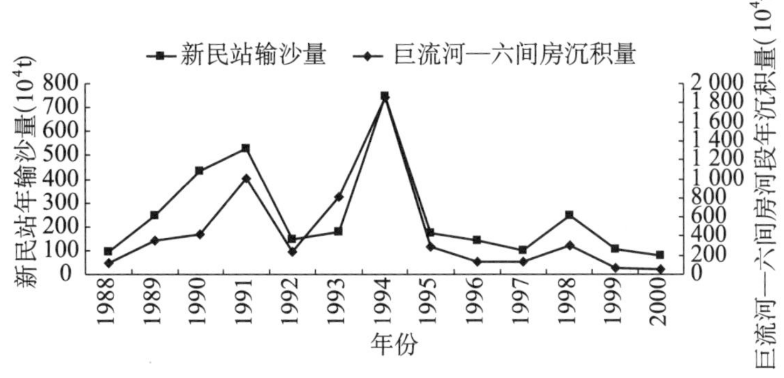

图5－4 新民站的年输沙量及巨流河—六间房河段沉积量随时间的变化（1988—2000）

Fig. 5－4 The change of Xinmin sediment discharge and Juliu-he to Liujian-fang rivercourse deposition following time

图5－5点绘了柳河新民站全年、汛期来水来沙量与巨流河—六间房河段全年、汛期沉积量之间的关系，用幂函数进行拟合。可以看到，流域下游的沉积与新民站全年及汛期来沙都具有较好的相关关系，汛期拟合函数的指数、系数较全年的略大一些，即汛期单位来沙量对流域下游沉积的贡献率略大一些。辽河下游沉积与新民站全年及汛期来水关系为下游沉积量随着来水量的增大而增大，增大的趋势在汛期较全年要大一些，说明汛期单位来水量对下游沉积量贡献率要大一些。流域下游沉积随上游来水的增大而增大是因为来水量大时产沙量也大，这时，输出流域和沉积在流域内的泥沙都有所增加。并且柳河上游闹德海水库采用“蓄清排浑”运行模式后，相同流量情况下汛期向下游输送更多的泥沙，进而也造成了沉积的增加，而非汛期下游会有一定程度的冲刷出现。当然，如果出现计算年限之外的更大的径流，这种关系可能会发生更为复杂的变化。

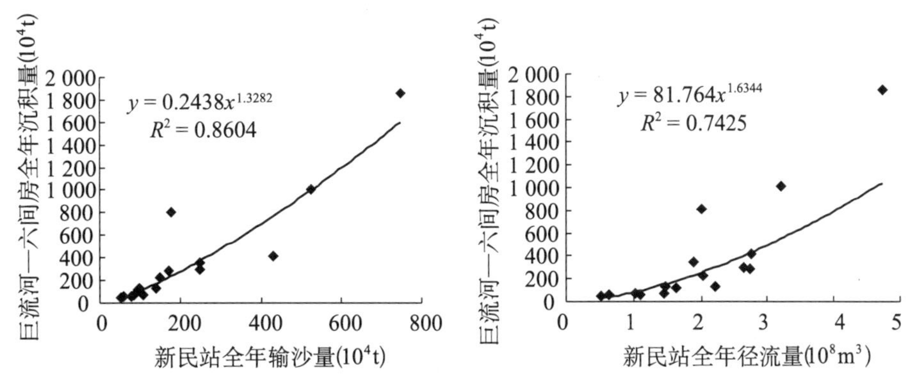

图5－5 流域下游沉积与新民站来水来沙的关系（一）

Fig. 5－5 The relation between the coming water and sediment of Xinmin and the deposition of the lower reaches of Liaohe River

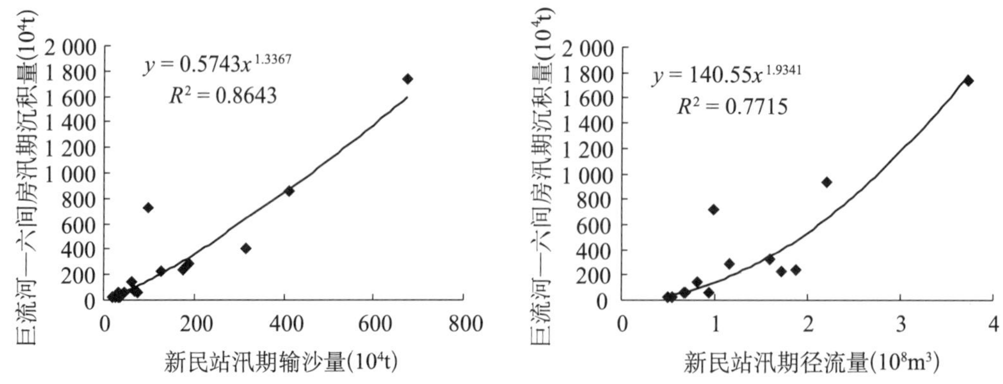

图 5－5　流域下游沉积与新民站来水来沙的关系（二）

Fig. 5－5　The relation between the coming water and sediment of Xinmin and the deposition of the lower reaches of Liaohe River

5.4　不同粒径组泥沙对流域下游沉积的影响

河流输沙粒度特性及其对河流沉积的影响，这一问题对于解决河流下游的淤积具有特别重要的意义。河流下游泥沙的淤积，不仅取决于来自中游泥沙的数量，而且取决于泥沙的粒度组成。钱宁等通过资料统计获得了不同粒径组泥沙的排沙比，指出了大于0.10mm 泥沙、0.05～0.10mm 泥沙、0.025～0.05mm 泥沙以及小于 0.025mm 泥沙在黄河下游河道的淤积规律。许炯心（1997）的研究表明，来自多沙粗沙区的每吨泥沙，淤积在黄河下游河道的为 0.455t；而来自多沙细沙区的每吨泥沙，淤积在黄河下游河道的仅为 0.154t，即来自多沙粗沙区的每吨泥沙所导致的黄河下游河道淤积量，接近于来自多沙细沙区每吨泥沙所导致的淤积量的 3 倍。通过小浪底水库拦粗排细，减少进入黄河下游的粗泥沙，是黄河下游减淤的重要思路。那么，这一思路对于解决辽河下游泥沙的淤积问题同样具有重要意义，本小节详细研究辽河上中游不同粒径组来沙对下游沉积的影响。首先利用有关各站的输沙量和悬沙粒度资料，按输沙平衡计算出平安堡—辽中间以下 5 个粒径级的年冲淤量：① ＞0.007mm；② ＞0.01mm；③ ＞0.025mm；④ ＞0.05mm；⑤ ＞0.10mm，加上全沙的年冲淤量，共得到 6 个组的资料。同时，按粒径组求出上述 6 个组别的输入沙量，建立 6 个组别的年冲淤量与该组的输入沙量的关系。以此为基础，讨论辽河下游泥沙沉积对粒径组的粒度变化的响应关系，并确定可能存在的临界点。

图 5－6 中分别点绘了 6 个粒径组别平安堡—辽中的年冲淤量与该组的输入沙量的关系，同时，还给出了线性拟合的回归方程和相关系数的平方值。对相关系数的显著性进行了检验，结果表明，相关关系是显著的，显著性概率均小于 0.01。统计分析的结果已列入表 5－2，以资比较。各图中线性拟合的公式为：

$$Dep = aQ_{s,input} - b \tag{5.4.1}$$

式中：Dep 为冲淤量；$aQ_{s,input}$ 为泥沙输入量；a、b 为正值常数。

对上式两端微分后可得：

$$dDep/dQ_{s,input} = a \tag{5.4.2}$$

这表示，回归方程的系数 a 可以表示单位输入沙量的变化所导致的淤积量变化，即每吨来沙的淤积量。

从图5-6中还看到，每一条回归直线与直线 $Dep=0$ 均有一个交点，与该交点对应的输入沙量，使得泥沙冲淤量为0。该交点可视为冲淤临界点，或者称为泥沙存贮—释放的临界点，与之对应的输入沙量为临界输入沙量。当来沙量大于临界输入沙量时，河道表现为淤积，即泥沙存贮增加；当来沙量小于临界输入沙量时，河道表现为冲刷，即泥沙存贮减少，令式（5.4.1）左端为0，解之可得到与泥沙存贮—释放临界点对应的输入沙量为：

$$Q_{s,input}=b/a \tag{5.4.3}$$

运用以上方法求得了每吨来沙的淤积量以及与泥沙存贮—释放对应的来沙临界值（不冲不淤的来沙临界值），并列入表5-2。

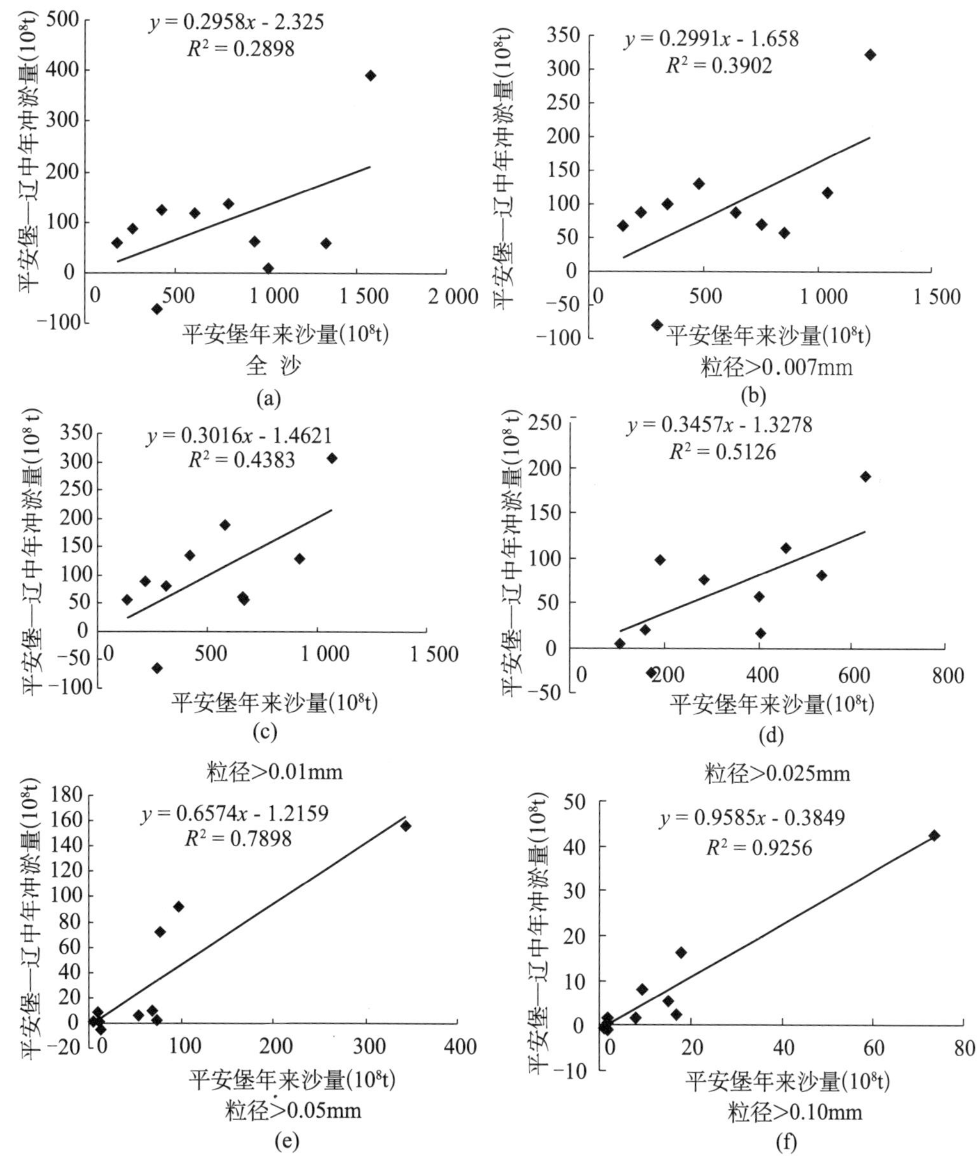

图5-6 6个粒径组别平安堡—辽中的年冲淤量与各组别的输入沙量的关系

Fig. 5-6 The relationship between annual scour of Pingan-bao to Liaozhong about group size 6 and the volume of importation of sand of corresponding group

表 5-2 6 个粒径组别的年冲淤量（y）与该组的输入沙量（x）的关系和统计分析的结果

Tab. 5-2 The relationships and the results of statistical analysis between annual scour（y）of group size 6 and sediment input（x）of corresponding group

项目	回归方程	相关系数平方值 R^2	显著性概率	不冲不淤的来沙临界值（10^8t/年）	每吨来沙的淤积量（t）
悬移质全沙	$y=0.2958x-2.325$	0.2998	<0.01	7.860	0.2958
>0.007mm 泥沙	$y=0.2991x-1.658$	0.3902	<0.01	5.543	0.2991
>0.01mm 泥沙	$y=0.3016x-1.4621$	0.4383	<0.01	4.848	0.3016
>0.025mm 泥沙	$y=0.3457x-1.3278$	0.5126	<0.01	3.197	0.3457
>0.05mm 泥沙	$y=0.6574x-1.2159$	0.7898	<0.01	1.616	0.6574
>0.1mm 泥沙	$y=0.9585x-0.3849$	0.9256	<0.01	0.402	0.9585

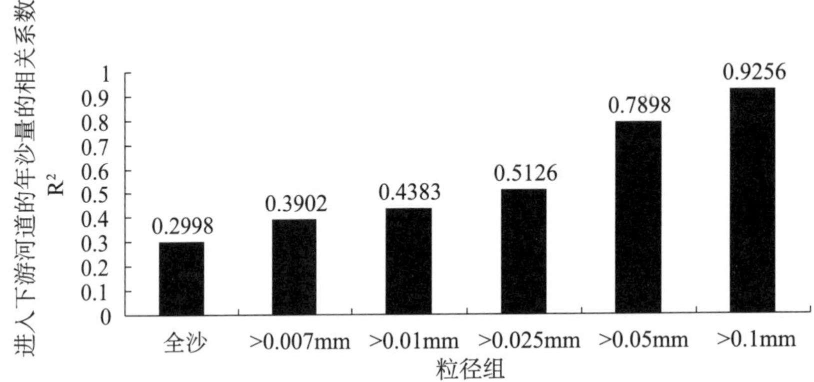

图 5-7 年冲淤量与进入下游河道的年沙量的相关系数值随粒径组的变化

Fig. 5-7 The changes of the correlation coefficient about annual scour and the amount of annual sand of entering the rivercourse in the lower reaches of Liaoher River following the particle size group

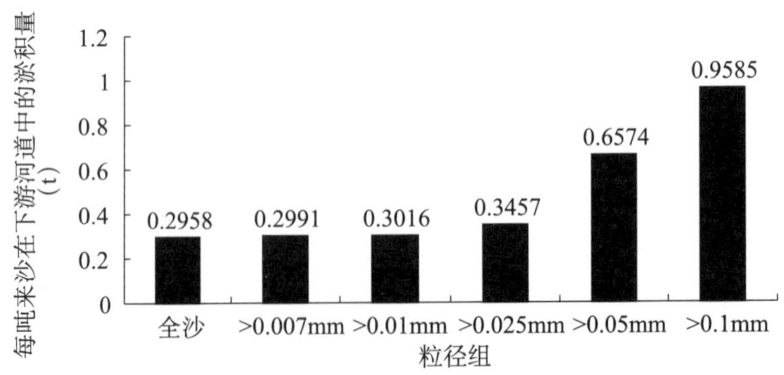

图 5-8 各粒径组的每吨来沙在下游河道的淤积量随粒径组的变化

Fig. 5-8 The changes of the volume of per ton sediment deposition about various size groups in the rivercourse of the lower reaches of Liaohe with group size

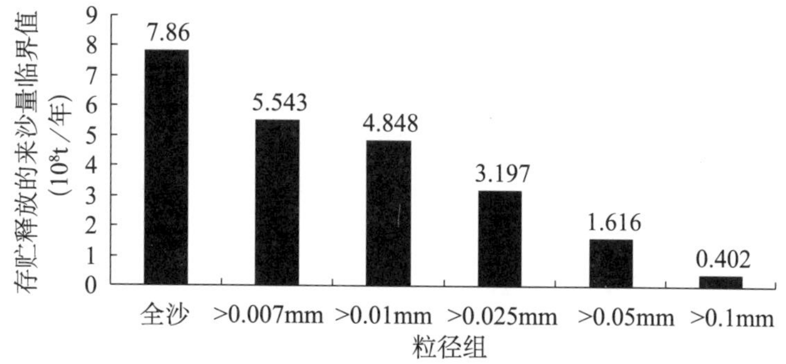

图 5-9 从存贮到释放的来沙临界值随泥沙粒径组的变化

Fig. 5-9 The changes of the critical value of the coming sediment from storage to release with sand-size group

图5-6（a）~（f），实际上体现了从全沙中依次减去较细的一个粒径组之后所产生的结果。对各图进行比较可以查明随着泥沙的逐步变细，河道冲淤量将以何种方式作出响应。从图5-6和表5-2中可以得到如下认识。

①平安堡—辽中河段的年冲淤量与进入下游河道的年沙量的相关系数值，随泥沙粒径组的变粗而增大，即来沙越粗，来沙量与河道淤积的关系越密切。图5-7中点绘了这一相关系数随粒径粗细的变化。可以看到，对于全沙、>0.007mm和>0.01mm这3个较细粒级的泥沙而言，这一相关系数随粒径的变粗略有增加，但速率很小。

对于>0.025mm、>0.05mm、>0.10mm这3个较粗粒级的泥沙而言，这一相关系数随粒径变粗迅速增大。对于>0.05mm、>0.10mm的粗泥沙而言，相关系数的平方R^2高达0.7898和0.9256。这说明，>0.05mm的粗泥沙与辽河下游泥沙淤积关系密切，而>0.10mm的粗泥沙与辽河下游泥沙淤积的关系极为密切。

②单位输入沙量的变化所导致的淤积量变化，随着粒径的变粗而增大（图5-8）。对于全沙、>0.007mm和>0.01mm这3个较细粒级的泥沙而言，由于冲淤量与来沙量之间的相关系数不高，故依据冲淤量—来沙量回归方程估算出来的单位输入沙量的变化所导致的淤积量变化只供参考。对于3个细粒径组，这一数值变化不大，大致在0.2 t左右。对于>0.025mm、>0.05mm、>0.10mm这3个较粗粒级的泥沙而言，这一数值随粒径变粗迅速增大，分别为0.3457t、0.6574t、0.9585t。由此计算出，进入下游河道的>0.025mm的泥沙中，有34.57%淤积在河道中；进入下游河道的>0.05mm的泥沙中，有65.74%淤积在河道中；进入下游河道的>0.10mm的泥沙中，有95.85%淤积在河道中。在上中游拦减每吨大于0.10mm的泥沙在下游产生的减淤效果，是拦减每吨大于0.05mm泥沙产生的减淤效果的1.458倍；是拦减每吨大于0.025mm泥沙产生的减淤效果的2.773倍。

水流对泥沙的挟运能力，与泥沙的粒径密切相关。在同样的水力条件下，水流输送细泥沙的能力要比输送粗泥沙的能力强。张瑞瑾（1961）将挟沙能力ρ与流速v、水深h和泥沙沉速ω相联系，得到如下的挟沙能力公式：

$$\rho = k\left(\frac{v^3}{gh\omega}\right)^m \tag{5.4.4}$$

式中：g 为重力加速度，ω 为泥沙沉速。由于粒径越粗，沉速 ω 越大，而 ω 越大，ρ 越小，故粒径的增大，将导致水流挟沙能力的减小，在来沙量一定时，河道淤积量便会增多。这就解释了单位输入沙量的变化所导致的淤积量变化，随着粒径的变粗而增大的原因。同时，按照泥沙运动力学的原理，悬沙可分为床沙质与冲泻质两部分，前者要消耗水流的有效能量，对水流强度是敏感的；后者不消耗水流的有效能量，在河道中一泻而下，对水流强度不敏感（钱宁，1983）。辽河下游，一般以 >0.025mm 的泥沙为床沙质，以 <0.025mm 的泥沙为冲泻质。因此，对于全沙、>0.007mm 和 >0.01mm 这 3 个包含冲泻质的粒径级，冲淤量与来沙量之间的相关系数不高；对于 >0.025mm、>0.05mm、>0.10mm 这 3 个不包含冲泻质的粗粒径级，冲淤量与来沙量之间的相关高度显著。

③下游河道泥沙从存贮到释放的来沙临界值，随泥沙粒径组的变粗而减小（图 5-9）。从表 5-2 可以看到，要使得下游河道泥沙不淤，全沙年来沙量应小于 7.860×10^8 t；要使得下游河道中 >0.007mm 的泥沙不淤，>0.007mm 的泥沙的年来沙量应小于 5.543×10^8 t；要使得下游河道中 >0.01mm 的泥沙不淤，>0.01mm 泥沙的年来沙量应小于 4.848×10^8 t；要使得下游河道中 >0.025mm 的泥沙不淤，>0.025mm 的泥沙的年来沙量应小于 3.197×10^8 t；要使得下游河道中 >0.05mm 的泥沙不淤，>0.05mm 的泥沙的年来沙量应小于 1.56×10^8 t；要使得下游河道中 >0.10mm 的泥沙不淤，>0.10mm 的泥沙的年来沙量应小于 0.14×10^8 t。由此可见，进入辽河下游的泥沙对于河道的危害程度，随粒径的变粗而增大。在各个粒径级中，>0.10mm 的泥沙的危害最大，>0.05mm 的泥沙次之，>0.025mm 的泥沙再次之。

5.5 辽河干流淤积成因分析

辽河干流淤积的原因主要有以下几个方面。

①辽河多沙，流域西部是黄土丘陵、沙丘草原以及半沙漠地区，气候干旱，植被稀少，森林覆盖率仅为 13%，水土流失严重，土壤侵蚀模数均在 500t/（km^2·年）以上，其中，老哈河中游、西拉木伦河中游、教来河上游及柳河上游尤为严重，分布着细沙性风沙土，土质结构松散，除受水蚀外还受风蚀，侵蚀模数达到 2 000t/（km^2·年）以上，侵蚀模数最高处在柳河上游的内蒙库伦一带，达到 9 830t/（km^2·年），实测最大含沙量为1 500kg/m^3，可见，西部产沙丰富是造成干流多沙及河道淤积的成因之一。

②辽河水沙异源，“东水西沙”的分布特点对干流输送泥沙不利，东部地区因暴雨洪水大，水量丰富，河流众多，故是辽河干流的主要洪水来源，东侧支流来水量占 57.52%，也是辽河干流年径流量的主要来源，而西侧支流输沙量占 88.39%，则是辽河干流泥沙的主要来源，造成来沙多的年份水量不一定多，沿程淤积严重，而东部大水时主槽冲刷，但滩地上还是单向淤积。另外，对辽河下游而言，含沙量高的柳河洪水一般不与辽河上游洪水遭遇，柳河入辽泥沙常常堵塞辽河河道，而后虽被干流洪水冲开，但靠近柳河口上、下游的辽河河道，近年来淤积发展甚快。

③水利工程及水利工程的运行模式的影响，辽河流域自新中国成立以来，共兴建大、中、小型水库 973 座，其中，大型水库 17 座，控制流域面积占全流域面积的 28%，总库容

$165\times10^8m^3$；中型水库76座，总库容$24\times10^8m^3$，年调节水量$20\times10^8\sim25\times10^8m^3$，对下游河道来水来沙有一定影响，年径流量减少，改变水量时程分配，削减洪峰，加剧河道淤积的作用超过其拦截部分沙量的作用。

④辽河中、下游系堆积性平原河道，随着河口水下三角洲地形不断向外海延伸，河道纵比降日趋平缓，河床横向演变加剧，弯道发展，有的河段已形成横S形，水流横向甚至逆向流动，造成不少险工险段。弯道本身阻水严重，对泄洪排沙不利。

⑤辽河暴雨洪水产沙特点，洪水来急去速，猛涨暴落，持续时间不过几天至十几天；历年大暴雨多发生在7月、8月，年际、年内变化很大，丰、枯相差悬殊；大洪水峰高、量大、泥沙集中；枯水时，水、沙量均小。据统计，1951年、1986年、1995年、1998年等几次较大洪峰，干流各站一次洪峰过程，输沙量均占全年输沙量的20%左右，河道淤积也是集中在洪水期间。辽河河床形态“宽滩窄槽”即是和来水来沙条件相适应的产物，广阔滩地既是大洪水行洪通道，又是泥沙落淤的场所，每次大洪水过后滩地上都会有不同程度的淤积，而一般中、小洪水则集中在窄小的主槽内通过。一般辽河中、下游沙峰先于洪峰，提前天数各断面不同，下游多于上游，故大洪水中有涨淤落冲的规律。

⑥柳河作为辽河下游主要泥沙来源，不但量大，而且沙粗，是构成柳河口—六间房河段淤积的主体。柳河上游支流养畜牧河、乌根稿河流经沙丘坨甸区，沙丘中粒径>0.05mm的粗沙占85%～95%，最大粒径为0.5mm，故两条支流悬沙级配中>0.05mm颗粒分别占54.8%及57.1%；柳河下游新民站悬沙>0.05mm的含量也达28.3%，柳河口以下辽河河道河床组成一般有两层，一层为粉沙，一层为细沙，都是灰白色，松散或中密结构，黏土含量低，这和柳河河床组成较粗很相似。另外，从河床质泥沙重矿物组成来看，柳河以绿帘石为主，辽河干流以角闪石为主，柳河口—六间房河段则是两者的混合，并以绿帘石含量稍多，由此也可以推断出，该段淤积泥沙应以柳河来沙为主。

本章小结

本章针对辽河干流泥沙的沉积特性进行了分析，主要结论如下。

①辽河下游泥沙主要以淤积为主，产生冲刷的年份很少，且冲刷量不大。从淤积的空间分布来看，在1988—2005年间，巨流河站六间房站区间的淤积量占辽河干流总淤积量的74.51%，在铁岭站与巨流河站之间的淤积量占淤积总量的25.49%。

②巨流河—六间房河段年沉积量主要受多沙区柳河来沙来水的控制，与少沙清水区来水来沙的关系不密切。

③流域下游的沉积与支流柳河新民站全年及汛期来沙都具有较好的幂函数拟合关系，汛期单位来沙量对流域下游沉积的贡献率略大一些，汛期单位来水量对下游沉积量贡献率要大一些。

④在空间分布上，由于不同流域的性质有所不同，泥沙粒径受到较大的影响。由于泥沙分选沉降的作用，从上游至下游泥沙粒径呈细化趋势；在时间分布上，因为河道悬移质泥沙组成在汛期由坡面侵蚀相对较细颗粒泥沙所占比例较大，而在非汛期由河道沉积泥沙再搬运所带来的相对较粗颗粒泥沙比例较大，所以，汛期悬移质泥沙粒径一般小

于非汛期泥沙粒径。

⑤平安堡—辽中河段的年冲淤量与进入下游河道的年沙量的相关系数值，随泥沙粒径组的变粗而增大，即来沙越粗，来沙量与河道淤积的关系越密切；单位输入沙量的变化所导致的淤积量变化，随着粒径的变粗而增大；下游河道泥沙从存贮到释放的来沙临界值，随泥沙粒径组的变粗而减小。进入辽河下游的泥沙对于河道的危害程度，随粒径的变粗而增大。在各个粒径级中，>0. 10mm 的泥沙的危害最大，>0. 05mm 的泥沙次之，>0. 025mm 的泥沙再次之。

⑥辽河干流淤积受多种因素的影响。西部产沙丰富是造成干流多沙及河道淤积的原因之一；辽河水沙异源，“东水西沙”的分布特点对干流输送泥沙不利；含沙量高的柳河洪水一般不与辽河上游洪水遭遇，柳河入辽河泥沙常常堵塞辽河河道，而后虽被干流洪水冲开，但多淤积在柳河口上、下游的辽河河道；水利工程及水利工程的运行模式对河道泥沙的沉积产生也有极大影响；辽河干流是堆积性平原河道，河道纵比降平缓，河床横向演变加剧，弯道发展，对泄洪排沙很不利。

6　辽河干流滩地沉积泥沙风蚀起动研究

6.1　辽河干流滩地泥沙起沙风速规律研究

地面沙粒在风力作用下脱离地表开始运动的过程称为沙粒的起动，它标志着地表风蚀的开始。风蚀是造成干旱、半干旱地区土地荒漠化的主要驱动力之一，起沙风速又是影响风蚀的关键因素。风沙物理学中，把沙粒起动的临界风速称为起沙风速，它是风沙运动及其风蚀研究中最基本的物理量，其大小与沙粒的粒径、含水率和地表植物盖度等有关。风蚀量的大小和起沙风速有直接影响，而风蚀量的大小是衡量风沙危害的主要指标之一。风蚀量和起沙风速之间具有线性关系，所以提高起沙风速，风蚀量随之就急剧减少。因此，从理论上研究起沙风速对生产实践具有非常重要的指导意义。根据气流中有没有沙粒，将起沙风速可以分为流体起沙风速和冲击起沙风速。所谓流体起沙风速，是指净风直接作用于沙床表面沙粒，使沙粒开始起动时的临界风速；若风中含有沙粒，沙床面会受到这些沙粒的撞击，随之床面上沙粒会发生蠕移或起动，沙粒的起动主要靠气流中原有沙粒的冲击作用，此时沙粒开始起动时的临界风速称为冲击起动风速。由于运动沙粒对床面冲击作用总能使沙粒更容易起动，即冲击起沙风速总是小于流体起沙风速。很多学者分别从理论建模推导和试验两方面研究了沙粒的起动风速。

在辽河流域内，风蚀与水蚀相互交织在一起，泥沙输移过程更为复杂。夏秋季节水蚀沉积泥沙在冬、春季节又成为风蚀泥沙的重要沙源，随风扩散，形成风蚀。对辽河河道泥沙的沉积问题，主要集中在水力侵蚀对泥沙输移的研究，而对风蚀的研究较少。本文在前人的研究基础上，取辽河干流滩地泥沙，通过室内模拟试验研究了各种粒径的泥沙在不同含水率条件下的起沙风速。研究结果将对建立起冬、春季节河道起沙预报模型，对于认识辽河流域特殊的泥沙输移过程与泥沙预报具有指导意义。

6.1.1　试验设计与方法

6.1.1.1　试验设计

利用 AR826 型分体式风速仪进行风速的观测，由离心风机产生风速，风速的大小由离心风机到风蚀样品的距离来控制。只考虑风速，不考虑风的运动特点，这样避免了其他复杂因素对试验的影响，试验结果更接近自然状况。试验装置图见图 6－1。

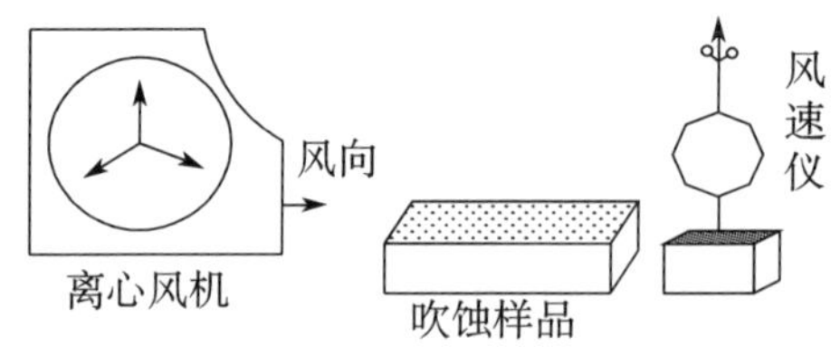

图 6-1　试验装置图

Fig. 6-1　Schematic view of the experiment setup

6.1.1.2　试验方法

（1）取样品

根据试验的需要，取辽河干流典型河段河道滩地的泥沙进行吹蚀试验；为了去除杂物，将所取样品全部过 1mm 筛，置于塑料袋内备用。

（2）沙样粒径分析

对不同河段河滩地所取的沙样进行粒径分析。本试验应用筛分法进行沙样粒径分析。筛分法是将试样通过具有一定尺寸筛孔的筛子分成两部分，即留在筛面上粒径较粗的未通过量（筛余量）和粒径较细的通过筛孔的通过量（筛过量）。称重并记录下各级筛子上的筛余量，即可求得试样以重量计的颗粒粒径分布，进而计算出该样品颗粒级配的频率分布或累积分布。

筛分法分析沙样粒径步骤：

①将样品在烘箱干燥 2h，置于干燥器中冷却至室温。

②将试样倒在套筛最上层，加上顶盖。

③移入振筛机座上，套紧压盖板，启动振筛机，定时振筛至 15min。

④分别称各级筛盘中的沙重，小于某粒径的沙重，为该筛孔以下各级沙重之和，由小到大，逐级累计，直至最大粒径当累计总沙重，累计总沙重与备样沙重之差超过 1%。

小于某粒径沙重百分数：

$$P_i = W_{sLi}/W_{sL}$$

式中：W_{sLi}为筛下小于某粒径的沙重（g）；W_{sL}为用于分析的沙样总重量（g）。

用筛分法将全部沙样按不同的粒径分开，置于塑料袋中用于吹蚀试验，并在塑料袋上标明粒径大小。

用筛分法将沙样筛分为 8 个粒级：0.05～0.065mm、0.065～0.075mm、0.075～0.10mm、0.10～0.125mm、0.125～0.25mm、0.25～0.50mm、0.50～0.63mm 和 0.63～1.0mm。颗粒组成见表 6-1。

表 6-1　沙样的颗粒组成　（mm/%）

Tab. 6-1　Testing soil mechanical composition

项目	颗粒组成							
	0.63～1.0	0.50～0.63	0.25～0.50	0.125～0.25	0.10～0.125	0.07～0.10	0.065～0.075	0.05～0.065
沙样	7.31	9.37	6.55	13.25	29.57	17.88	9.11	6.96

(3) 试样制备

将不同粒径样品置于105℃烘箱内，烘6~8h至恒重，消除降水分对试验结果的影响。取已处理好的各粒径沙，用喷雾器均匀加水，分别制成含水率为1%、2%、3%、4%、5%，长宽为15cm×10cm，厚度均为5cm的吹蚀样品，控制风速由小到大逐渐变化进行吹蚀试验，在调整风速的同时观察起沙风。当沙面有沙粒蠕动或者有破坏现象时，记录当时的风速，重复3次，取其平均值。

6.1.2 结果与分析

本试验仅在净风条件下进行吹风蚀试验，试验所得到的起沙风速为流体起沙风速。任何高程 z 上的流体起动风速 U_t 为：

$$U_t = (U_{*t}/k)\ \ln\ (z/z_0)$$

式中：起动摩阻速度 $U_{*t}=\sqrt{\tau/\rho}$；τ 为地表剪切应力；ρ 为空气密度；z_0 为地表粗糙度；k 为卡曼常数（0.4）。

6.1.2.1 相同含水率、不同粒径沙粒的起沙风速

为了研究粒径对起沙风速的影响程度，将试验沙样在105℃的烘箱内烘6~8 h，消除含水率对试验结果的影响。分析结果见表6-2和图6-2。

表6-2 不同含水率条件下的起沙风速*

Tab. 6-2 Threshold velocity in different water content

粒径（mm）	项目	不同含水率状态下的起沙风速					
	含水率（%）	0	1	2	3	4	5
0.05~0.065	起沙风速（m/s）	3.0	5.6	8.5	10.0	10.9	11.9
0.065~0.075	起沙风速（m/s）	2.8	5.0	8.0	9.6	10.8	11.8
0.075~0.10	起沙风速（m/s）	2.6	4.6	7.6	9.0	10.0	11.0
0.10~0.125	起沙风速（m/s）	2.5	4.2	7.4	8.8	9.6	10.5
0.125~0.25	起沙风速（m/s）	3.1	4.8	7.8	9.5	10.5	11.5
0.25~0.50	起沙风速（m/s）	3.5	5.3	8.5	10.2	11.4	12.8
0.50~0.63	起沙风速（m/s）	4.3	6.1	9.4	11.0	12.5	14.0
0.63~1.00	起沙风速（m/s）	5.3	7.0	10.4	12.4	14.4	15.1

* 测得的风速距试验样品高3.5cm

由图6-2可以看出，干沙的起沙风速与粒径之间存在线性关系，但是在不同粒径范围内遵循不同的变化规律。粒径为0.1mm时起沙风速最小，以0.1mm为临界点，将起沙风速随粒径的变化曲线分为两段。当粒径小于0.1mm时，起沙风速随粒径的增大而减小；当粒径大于0.1mm时，起沙风速随粒径的增大而增大。因此，沙粒的起沙风速最小值对应的临界粒径为0.1mm。已有研究者提出不同的临界粒径，研究结果表明粒径范围为0.08~0.10mm的沙粒最容易起动。

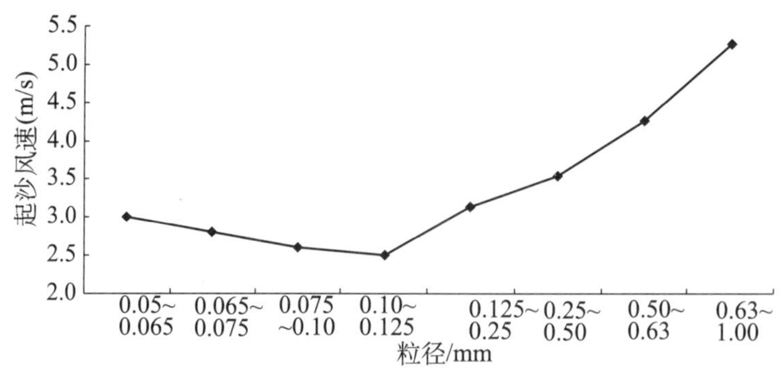

图 6-2　干沙粒径对起沙风速的影响

Fig. 6-2　Variation of threshold velocity with dry diameter

当气流作用于由疏松沙粒组成的水平沙床表面时，沙粒受到重力、拖曳力、静电力作用。由于本次试验的起动风速为流体起沙风速，而流体起沙风速是在晴天电场（电场强度为 10^2V/m 数量级）条件下测得的，此时的电场对沙粒起沙风速没有影响，静电力可忽略不计。粒径大于0.1mm 的沙粒的起沙风速主要取决于重力的大小，根据力矩平衡原理，沙粒粒径越大，对应的起沙风速也越大。当粒径小于0.1mm 时，还必须考虑内聚力，随着沙粒粒径的变小，重力对起沙风速的影响逐渐减弱，内聚力的作用越来越显著，同时，粒径越小的沙粒越容易从大气中吸收水分，在其表面形成一层黏稠的水膜，因而极细的沙粒需要更大的起沙风速才能使起动，导致了起沙风速随粒径的减小而增大的趋势。

6.1.2.2　相同粒径、不同含水率沙粒的起沙风速

含水率是影响起沙风速的重要因素，研究表明起沙风速与泥沙含水率的变化有着直接关系，故在本试验中，选取1%、2%、3%、4%、5% 5组含水率，研究了不同含水率与起沙风速的关系。结果表明：在室内模拟起风条件下，含水率对起沙风速的影响很大，分析结果见表6-2和图6-3。

从图6-3（a）~（h）可以看出，含水率对起沙风速有明显的影响，在沙粒粒径一定的情况下，起沙风速与含水率成线性关系，起沙风速随含水率的增大而增大，和干沙相比，起沙风速增加了2.0~4.07倍，增加的倍数与含水率和沙粒粒径有关，起沙风速随着含水率的增大而增大，并且当含水率低于2%时，起沙风速随含水率的增大而迅速增大，而当含水率高于2%时，其增大趋势相对变缓。

水在沙粒之间有两种存在方式，一种是吸附在沙粒表面的吸附水，即水膜力；另一种是存在于颗粒间的水桥中，即水桥力，其中，后者占主要部分。泥沙在湿润状态下，当气流吹过由沙粒组成的水平沙床表面时，沙粒受到重力、拖曳力、内聚力、水膜力和水桥力作用。粒径相同时，湿度越大，水膜力越大，同时，水分子与泥沙颗粒之间的拉张力增加了颗粒间的内聚力，泥沙黏滞性和团聚作用增强，起沙风速也相应增大；当泥沙含水率较低时，沙粒之间水的存在形式主要以水桥力的为主；当泥沙含水率较高时，水桥力逐渐减小，沙粒之间水的存在形式主要以水膜力的为主，这也解释了当含水率小于2%时，随着含水率的增大，水桥力越大，起沙风速增大的趋势越明显；当含水率大

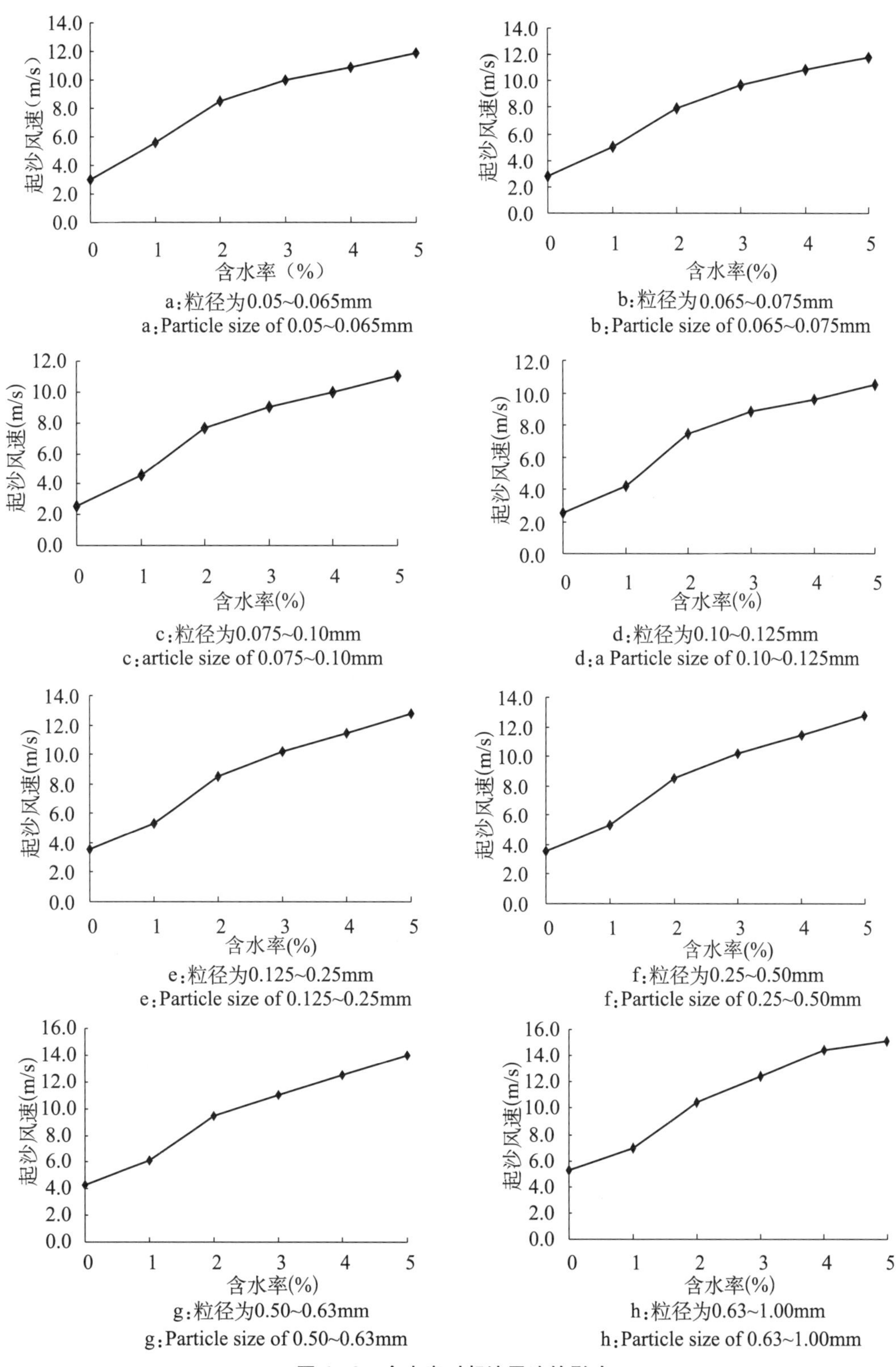

a:粒径为0.05~0.065mm
a:Particle size of 0.05~0.065mm

b:粒径为0.065~0.075mm
b:Particle size of 0.065~0.075mm

c:粒径为0.075~0.10mm
c:article size of 0.075~0.10mm

d:粒径为0.10~0.125mm
d:a Particle size of 0.10~0.125mm

e:粒径为0.125~0.25mm
e:Particle size of 0.125~0.25mm

f:粒径为0.25~0.50mm
f:Particle size of 0.25~0.50mm

g:粒径为0.50~0.63mm
g:Particle size of 0.50~0.63mm

h:粒径为0.63~1.00mm
h:Particle size of 0.63~1.00mm

图 6-3　含水率对起沙风速的影响

Fig. 6-3　Variation of threshold velocity with water content

于2%时，随着含水率的增大，水桥力对起沙风速的影响逐渐减弱，起沙风速增大的趋势相对变缓。加相同水分时，低含水率沙的起沙风速受水桥力的影响比高含水率沙大，因此，起沙风速增加得多。和干沙相比，沙粒含少量的水分，起沙风速随之有明显的增大，这也解释了在沙漠地区，即使有少量降雨，风沙流或沙尘暴立即停止。

在试验过程中，随着含水率的增加，从开始试验到沙粒起动所需要的时间越来越长；同时不同含水率条件下，沙粒起动的形式也不相同，在低含水率阶段，当风速逐渐增加到一定数值后，沙样表面变干，颜色逐渐变浅，随之沙样表面破坏，沙粒脱离湿沙层开始向下风蠕动；在高含水率阶段，只有当风速足够大时，局部的湿沙层迅速碎裂、崩解而被掀翻。

任意粒径范围的沙粒，含水率与起沙风速的关系是相似的，即起沙风速随含水率的增加呈线性增加，运用 SPSS 软件进行线性回归分析，得到函数的一般关系式为：

$$V = \mathrm{a} + \mathrm{b}M$$

式中：V 为起沙风速；M 为含水率；a 为回归常数；b 为回归系数（表 6－3）。

表 6－3　起沙风速与含水率的相关关系

Tab. 6－3　The correction between threshold velocity and water content

粒径（mm）	a	b	相关系数
0. 05 ~0. 065	5. 80	202. 00	0. 974
0. 065 ~0. 075	4. 93	189. 00	0. 982
0. 075 ~0. 10	4. 27	179. 00	0. 978
0. 10 ~0. 125	3. 99	161. 00	0. 968
0. 125 ~0. 25	3. 66	148. 00	0. 951
0. 25 ~0. 50	3. 88	152. 00	0. 966
0. 50 ~0. 63	4. 12	164. 00	0. 933
0. 63 ~1. 00	4. 88	150. 00	0. 966

6. 1. 2. 3　不同粒径、不同含水率沙粒的起沙风速

为研究不同粒径、不同含水率条件下沙粒的起沙风速，将表 6－3 中的试验数据利用 SPSS 17. 0 软件进行分析，将起沙风速作为因变量，粒径和含水率作为自变量进行方差分析和线性回归分析，分析结果见表 6－4 和表 6－5。

表 6－4　粒径、含水率对起沙风速影响的方差分析

Tab. 6－4　Variance analyze of the influence of diameter and water content on threshold velocity

变异来源	Ⅲ型平方和	*df*	均方	*F*	*P*	偏 Eta 方
校正模型	306. 401[a]	11	27. 855	82. 835	0. 000	0. 970
截距	3 655. 744	1	3 655. 744	10 871. 524	0. 000	0. 997
含水率	251. 049	4	62. 762	186. 643	0. 000	0. 964

续表

变异来源	Ⅲ型平方和	df	均方	F	P	偏 Eta 方
粒径	55.352	7	7.907	23.515	0.000	0.855
误差	9.416	28	0.336			
总计	3 971.560	40				
校正总计	315.816	39				

注：因变量为起沙风速；R^2 =0 .970（调整 R^2 = 0.958）；使用 alpha 的计算结果等于 0.05

从表 6-3 可以看出，粒径和含水率越大，起沙风速随之增大，说明大粒径沙粒在高含水率状态下越不容易起动；从表 6-4 可以看出，粒径和含水率两因素的 P 值都为 0.000，按 0.05 检验水准，可认为粒径、含水率两因素效应显著，即粒径、含水率对起沙风速有显著影响；含水率因素的 Eta 方大于粒径因素的 Eta 方，可认为含水率因素对总变异的贡献大于粒径因素，即不同粒径、不同含水率条件下，含水率对起沙风速的影响起主要作用。

表 6-5 粒径、含水率对起沙风速影响的线性回归分析

Tab. 6-5 Regression analysis of the influence of diameter and water content on threshold velocity

模型	非标准化系数		标准化系数	t	P
	偏回归系数	标准误差	偏回归系数		
（常量）	3.218	0.381		8.443	0.000
含水率	171.875	10.419	0.865	16.496	0.000
粒径	4.176	0.566	0.387	7.384	0.000

注：因变量为起沙风速

由表 6-5 可以看出，粒径、含水率与起沙风速之间存在线性关系，经 t 检验，粒径和含水率的 P 值都为 0.000，按 α =0.05 水平，均有显著意义。根据上表中的数据可以建立起沙风速与含水率和粒径的线性回归方程为：

$$V = 171.875M + 4.176D + 3.218 \qquad r = 0.948$$

式中：V 表示起沙风速；M 表示含水率；D 表示粒径；常数项为 3.218；回归系数分别为 171.875 和 4.176。

6.2 辽河干流滩地泥沙风蚀量随风速的变化规律研究

风蚀是指在干旱多风的沙质地表条件下，由于人类活动的影响，在风力侵蚀作用下，使土壤及细小颗粒被剥离、搬运、磨蚀，造成地表出现风沙活动为主要标志的土地退化。风蚀表现为在风力作用下，地表颗粒被吹起和搬运的过程，风力侵蚀结果常常形成风蚀劣地、粗化地表、片状流沙堆积，以及沙丘的形成和发展。并不是任何地方都会发生风蚀，因而也不是任何地方都发生和存在风蚀荒漠化土地。严重的风蚀必须具备两个基本条件：一是要有强大的风；二是要有干燥、松散的土壤。因而风蚀主要发生在蒸发量远大于降雨量的干旱、半干旱地区及有海岸、河流沙普遍存在的、受季节性干旱影响的亚湿润干旱区。影响风蚀的因素是多方面的，自然因素方面主要依赖于侵蚀因子（气候）和可蚀性因子（地形、土壤特征等），人为因素主要受土壤表层的扰动和破坏的影响。具体而言，风速、土壤质地及含水量是影响风蚀的最主要的几个基本要素。风蚀量的大小取决于风速的大小，通常情况下，风蚀量随着风速的增加而增加。风力对沙床表面的侵蚀过程，实际上是一个能量转化过程，风具有一定的动能，其大小与风速的平方成正比，风通过与沙床表面的接触，将一部分能量传递给风蚀颗粒，使不同粒径的颗粒产生了不同的运动方式，也就是说运动的颗粒因此具有了动能和势能。由于颗粒运动的复杂性和湍流的影响，期间能量的转化也非常复杂，但无论如何，一切都起因于风的动能传递。

研究风蚀量与风速的关系有助于深入了解风蚀过程，对风蚀的治理工作提供指导。本研究采用室内模拟试验，在不同风速条件下对辽河干流滩地泥沙进行吹蚀，揭示出辽河干流滩地泥沙风蚀量随风速的变化规律。

6.2.1 试验设计与方法

辽河干流全长512km，自东向西贯穿辽河平原，属温带半湿润半干旱季风气候，多年平均降水量900mm，年均气温约为4～9℃，年均风速4m/s，年大风日数38d以上，侵蚀模数位居全国主要江河流域的第三位，输沙量较大，泥沙输移比同黄河流域一样均为1，表现出多泥沙河流的特点，从上游到下游沙粒粒径逐渐变细。

利用AR826型分体式风速仪进行风速的观测，小型离心风机产生风速，风速的大小由离心风机到风蚀样品的距离来控制。只考虑风速，不考虑风的运动特点，这样避免了其他复杂因素对试验的影响，试验结果更接近自然状况。试验沙样为辽河干流滩地泥沙，将已筛分好的试验沙样置于105℃烘箱内，烘6～8h至恒重，消除降水分对试验结果的影响，置于塑料袋内备用。

根据干沙起沙风速的大小，本次试验风速选用6m/s、7m/s、8m/s、9m/s、10m/s 5个梯度。

取已处理好的不同粒径的沙样各150g，制成长宽为15cm×10cm，厚度均为5cm的吹蚀样品，将制好的吹蚀样品放在电子秤上称重，记录重量为W_1。以吹蚀样品上方3.5cm高的风速进行吹蚀试验，不同风速条件下各吹蚀1min，观察沙粒的运动特征，等试验结束时，再次称样品的重量，记录重量为W_2，重复3次，取其平均值，计算风蚀量。

将在每种风速下1min内的风蚀重量作为因变量，将标定风速作为自变量，分析辽河干流滩地泥沙风蚀量随风速的变化规律。

6.2.2 结果与分析

6.2.2.1 相同粒径、不同风速对风蚀量的影响

针对辽河干流滩地泥沙进行了风速分别为6m/s、7m/s、8m/s、9m/s、10m/s的5次试验，试验结果如表6-6所示。表中风蚀量用Q表示，指的是试验沙样水平方向的

转移量，用关系式 $Q = W_1 - W_2$ 表示。根据表 6-6 数据做出风蚀量随风速的变化曲线，如图 6-4 所示。

表 6-6 不同风速条件下的风蚀量

Tab. 6-6 The wind erosion amount in different wind speed

沙样粒径（mm）	风蚀量 Q（g）				
	6（m/s）	7（m/s）	8（m/s）	9（m/s）	10（m/s）
0.63 ~ 1.00	4.95	6.00	7.34	8.94	10.95
0.50 ~ 0.63	5.30	6.50	7.64	9.20	11.30
0.25 ~ 0.50	6.58	7.68	8.89	11.11	12.85
0.125 ~ 0.25	6.84	7.96	9.02	11.30	13.20
0.10 ~ 0.125	6.94	8.06	9.13	11.42	13.32
0.075 ~ 0.10	7.00	8.12	9.25	11.65	13.50
0.065 ~ 0.075	7.08	8.20	9.30	11.76	13.60
0.05 ~ 0.065	7.12	8.26	9.38	11.86	13.80

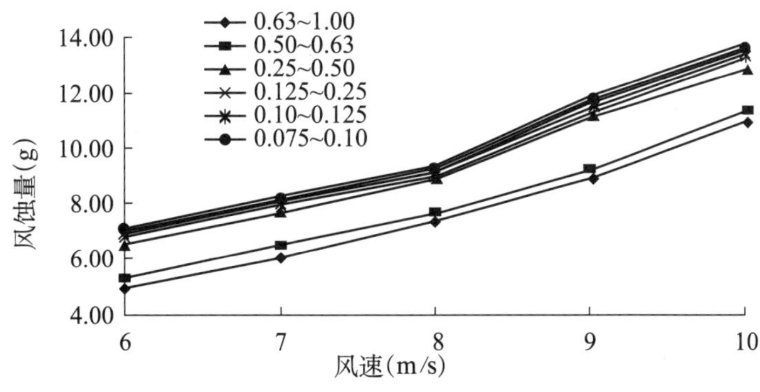

图 6-4 风速对风蚀量的影响

Fig. 6-4 The variation of wind erosion amount with wind speed

试验结果表明，辽河干流滩地泥沙的风蚀量和风速呈正相关关系，即风蚀量随着风速的增大而增大。这是因为当风速达到起沙风速时，沙粒在风的作用下，随风运动形成风沙流，风沙流中跃移的颗粒，增大了风对沙粒的侵蚀力，而且还通过磨蚀，将更多的是沙粒带入气流。同时，高速跃移的沙粒通过冲击方式，靠其动能推动更多的沙粒向前蠕移运动，在一定的条件下，风的搬运能力主要取决于风速的大小，风速越大，搬运能力越强，风蚀量越大。

从图 6-4 中可以看出，在沙粒粒径一定的条件下，风蚀量与风速呈线性关系。当沙粒粒径小于 0.50mm 时，风蚀量随风速的变化存在突然增大的转折点，对应的转折风速为 8m/s。总体来看，当风速小于 8m/s 时，风蚀量增加的程度随风速的增大而较为缓慢，当风速超过 8m/s 后，风蚀量随风速的增大而突然急剧增加，即风蚀量的增加对风速的响应在地风速阶段表现得并不敏感，但是随着试验风速的逐渐增大，风蚀量会迅速增加。从图6－4还可以看出，当风速小于转折风速时，风蚀量随风速变化的趋势线几乎重合，这主要是由于在小风速阶段，可蚀性物质比较充沛，能够满足风速的挟沙能力。而当粒径大于0.50mm时，风蚀量随风速的变化不太明显。整个风蚀过程中，大粒径沙粒和小粒径沙粒风蚀量的差值也随着风速的增大而逐渐增加。

6.2.2.2 相同风速、不同粒径对风蚀量的影响

由于不同粒径沙粒的起沙风速不同，说明其抗风蚀能力不同，风蚀量存在差异，为了研究沙粒粒径和风蚀量的关系，风速选定为7m/s，试验结果如表6－7所示。

表6－7 不同沙粒粒径的风蚀量 （风速：7m/s）

Tab.6－7 The wind erosion amount in different sand particle diameter

沙样粒径（mm）	粒径中值（mm）	风蚀量（g）
0.63～1.00	0.815	6.00
0.50～0.63	0.565	6.50
0.25～0.50	0.375	7.68
0.125～0.25	0.188	7.96
0.10～0.125	0.113	8.06
0.075～0.10	0.088	8.12
0.065～0.075	0.070	8.20
0.05～0.065	0.058	8.26

试验结果表明，在一定风速条件下，辽河干流滩地泥沙的风蚀量和沙粒粒径呈负相关关系，即风蚀量随沙粒粒径的增大而逐渐减小，因此，从风蚀量的角度来说，沙粒粒径越小，沙粒的抗风蚀性越弱，越容易被风蚀。只有当沙粒获得足够的动能的条件下才能产生移动，而较大颗粒具有较大的惯性，细小颗粒则相反，因此，细小颗粒在低风速条件下就能产生移动，而大颗粒沙粒则需要更大的动能。同时，粒径较小的沙粒产生强烈地向高处弹跳，增加了上层气流搬运的沙量，并且沙粒在飞行过程中飞得更远，所以，对于气流的阻力减小。而粒径较大的沙粒的跃移高度和水平飞行距离都较小，在搬运过程中向近地面贴紧，底层沙量增加较多，近地面的气流能量消耗也随之增加，气流搬运颗粒的能力减弱了。因此，当风速一定时，风具有的动能也一定，颗粒粒径越大，近地面气流的能量消耗的能量越多，风传递给颗粒的动能就越小，搬运能力越弱，风蚀量就越小；粒径越小，反之亦然。

随着沙粒粒径的减小，风蚀量逐渐增大，但当沙粒粒径小于0.50mm时，风蚀量突然增大，这说明粒径在0.05～0.50mm范围的沙粒越容易被风蚀，属于易蚀性颗粒。辽河干流水蚀沉积泥沙颗粒从上游到下游逐渐变细，粒径在0.05～0.50mm范围的沙粒所占的比重越来越大，在相同风速条件下，下游泥沙比上游泥沙更容易风蚀。

6.2.2.3 不同风速、不同粒径对风蚀量的影响

为研究不同风速、不同粒径对风蚀量的影响作用，将表 6－7 中的试验数据利用 SPSS 17.0 软件，将风蚀量作为因变量，风速和粒径作为自变量进行方差分析和线性回归分析，分析结果见表 6－8 和表 6－9。

表 6－8 粒径、风速对风蚀量影响的方差分析

Tab. 6－8 Variance analyze of the influence of diameter and wind speed on the wind erosion amount

变异来源	Ⅲ型平方和	*df*	均方	*F*	*P*	偏 Eta 方
校正模型	238.975[a]	11	21.725	592.530	0.000	0.996
截距	3 458.670	1	3 458.670	94 332.113	0.000	1.000
风速	206.457	4	51.614	1 407.730	0.000	0.995
粒径	32.518	7	4.645	126.701	0.000	0.969
误差	1.027	28	0.037			
总计	3 698.672	40				
校正的总计	240.002	39				

注：因变量为风蚀量；$R^2=0.996$（调整 $R^2=0.994$）；使用 alpha 的计算结果等于 0.05；
a 代表数据可以用模型值，也就是正态模型法拟合，具有显著效应

表 6－9 粒径、风速对风蚀量影响的线性回归分析

Tab. 6－9 Regression analysis of the influence of diameter and wind speed on the wind erosion amount

模型	非标准化系数		标准系数	*t*	*P*
	偏回归系数	标准误差	偏回归系数		
（常量）	－2.467	0.411	－0.356	－5.998	0.000
粒径	－3.351	0.270	－0.356	－12.409	0.000
风速	1.590	0.050	0.918	31.955	0.000

注：因变量为风蚀量

从表 6－7 可以看出，粒径越小，风速越大，风蚀量越大，说明小粒径沙粒在大风条件下越容易发生风蚀；从表 6－8 可以看出，粒径和风速两因素的 *P* 值都为 0.000，按 0.05 检验水准，可认为粒径、风速两因素效应显著，即粒径、风速对风蚀量有显著影响；风速因素的 Eta 方大于粒径因素的 Eta 方，可认为风速因素对总变异的贡献大于粒径因素，即不同粒径、不同风速条件下，风速对风蚀量的影响起主要作用。

由表 6－9 可以看出，粒径、风速与风蚀量之间存在线性关系，经 *t* 检验，粒径和含水率的 *P* 值都是 0.000，按 $\alpha=0.05$ 水平，均有显著意义。根据上表中的数据可以建立风蚀量与风速和粒径的线性回归方程为：

$$Q=1.590V-3.351D-2.467 \qquad r=0.985$$

式中：Q 表示风蚀量；V 表示风速；D 表示粒径；常数项为－2.476；回归系数分别为 1.590 和－3.351。

6.3 辽河干流滩地泥沙风蚀量随含水率的变化规律研究

辽河流域侵蚀模数位于全国江河流域的第三位，输沙量大，中下游泥沙沉积也非常严重。沉积泥沙在冬、春季节成为了风蚀泥沙的重要沙源，这一时期产生的风蚀泥沙落入辽河流域集水坡面与河道，在夏秋季节又随水流输移运行。部分随水输移泥沙于下游河道沉积后，在冬、春季节又从河道随风扩散，形成风蚀、水蚀交错进行的复杂侵蚀与泥沙输移方式。辽河流域严重的风水两相侵蚀，造成河道淤积，部分河段甚至出现了“地上悬河”，因此，研究辽河流域的风蚀已迫在眉睫。

影响风蚀的因素是多方面的，其中含水率是重要因素之一。风蚀是气流与地面物质之间能量传递与转化的结果，含水率的存在会消耗部分风蚀的能量，从而使作用于地面物质的实际风力作用相应减弱，同时含水率的存在可以显著增加可蚀物颗粒之间的黏结力，因此可增加地面物质的抗风蚀能力，减少风蚀量。董治宝等（1996）通过风洞模拟试验，以典型沙土为研究材料探讨了风沙土含水率对风蚀量的影响，结果表明风沙土风蚀量随含水率的增大呈现二次幂函数；和继军等（2010）通过室内风洞试验，在不同含水率条件下，对两种不同质地土壤的风蚀规律进行了研究，结果表明增加土壤含水量可以显著降低土壤的风蚀量，壤土和沙壤土均存在一个5%的临界土壤含水量，当土壤含水率大于5%时，两者的风蚀量随着含水率的增加而减少的程度较明显，且壤土的风蚀量总体上高于沙壤土。

研究风蚀量与含水率之间的关系有助于深入了解风蚀过程，对风蚀的治理工作提供指导。本文采用室内模拟试验，在不同含水率条件下对辽河干流滩地泥沙进行风蚀试验，揭示出辽河干流滩地泥沙风蚀量随含水率的变化规律。

6.3.1 试验设计与方法

利用AR826型分体式风速仪进行风速的观测，小型离心风机产生风速，风速的大小由离心风机到风蚀样品的距离来控制。只考虑风速，不考虑风的运动特点，这样避免了其他复杂因素对试验的影响，试验结果更接近自然状况。试验沙样为辽河干流滩地泥沙，将已筛分好的试验沙样置于105℃烘箱内，烘6～8h至恒重，消除降水分对试验结果的影响，置于塑料袋内备用。

根据含水率对起沙风速的研究结果，本次试验风速选用16m/s和18m/s两个梯度。

取已处理好的不同粒径的沙样500g，用喷雾器均匀加水，分别制成含水率为1%、2%、3%、4%、5%，长宽为15cm×10cm，厚度都为5cm的试验样品，将制好的吹蚀样品放在电子秤上称重，记录重量为W_1。以吹蚀样品上方3.5cm高的风速进行吹蚀试验，不同风速条件下各吹蚀5min，进行吹蚀试验，观察沙粒的运动特征，等试验结束时，再次称样品的重量，记录重量为W_2，重复3次，取其平均值，计算风蚀量。

将在每种风速下5min内的风蚀重量作为因变量，将含水率作为自变量，分析辽河干流滩地泥沙风蚀量随含水率的变化规律。

6.3.2 结果与分析

6.3.2.1 相同粒径、不同含水率对风蚀量的影响

滩地泥沙风蚀量的大小与含水率有密切的关系，提高泥沙含水率可以增大泥沙沙粒的起沙风速，从而影响风蚀量的大小。含水率越大，沙粒之间的黏附性就会增加，在相同的风速条件下，越不容易发生风蚀。反之，含水量低的沙地，越易遭受风力的吹蚀。和干沙相比，含水率的增加导致滩地泥沙的风蚀量有明显的减小。在风速为16m/s（样品高3.5cm处）的净风吹蚀下，风蚀量随含水率的增加而减小，呈负相关关系。风蚀量随含水率的增大而减小的过程中，在低含水率阶段，风蚀量随含水率的增加而减小，减小的趋势十分明显，这种减小的趋势随含水率的逐渐增大而变得相对平稳，到沙样极限含水率时，风蚀量的减小变得不明显。在低含水率阶段，水分没有迅速将泥沙颗粒黏合在一起，基本上泥沙沙粒都是相互分离的，因此，当含水率较低时，滩地泥沙在大风作用下表现出风蚀性越强，越容易被风蚀（表6-10）。

表6-10 含水率对风蚀量的影响 （风速：16m/s）

Tab. 6-10 The variation of wind erosion amount with water content

粒径（mm）	Q 风蚀量（g）				
	1%	2%	3%	4%	5%
0.63~1.00	11.20	4.02	1.40	0.72	0.25
0.50~0.63	13.05	6.02	3.40	1.50	0.74
0.25~0.50	15.25	8.20	5.42	3.68	3.02
0.125~0.25	17.00	9.99	7.15	5.32	4.75
0.10~0.125	17.50	10.04	7.25	5.40	4.80
0.075~0.10	18.98	12.10	8.40	6.88	6.04
0.065~0.075	19.05	12.20	7.48	6.95	6.10
0.05~0.065	19.20	12.25	8.52	7.00	6.20

同时，试验结果还反映出了2%的含水率是滩地泥沙风蚀的临界含水率，即当滩地泥沙含水率小于2%时风蚀量随含水率增加而降低的程度大于含水率大于2%时滩地泥沙风蚀量随含水率增加而减小的程度，粒径越大，表现得尤为明显。因此，在研究区2%的含水率可能是抵御风蚀能力从弱到强的转折点。

对于一定粒径范围的沙粒，在一定风速条件下，含水率与风蚀量的关系是相似的，即风蚀量随含水率的增加而逐渐减小，运用SPSS软件进行线性回归分析，得到函数的一般关系式为：

$$Q = b_0 M^{b_1}$$

式中：Q表示风蚀量；M表示含水率；b_0为回归常数；b_1为回归系数。

表 6-11 风蚀量与含水率的相关关系

Tab. 6-11 The correction between the wind erosion amount and water content

粒径（mm）	b_0	b_1	相关系数
0.05~0.065	0.694	-0.725	0.994
0.065~0.075	0.685	-0.725	0.996
0.075~0.10	0.670	-0.729	0.996
0.10~0.125	0.402	-0.820	0.998
0.125~0.25	0.410	-0.810	0.997
0.25~0.50	0.145	-1.020	0.995
0.50~0.63	0.06	-1.734	0.939
0.63~1.00	0.02	-2.277	0.959

6.3.2.2 不同粒径、不同含水率对风蚀量的影响

从表 6-10 可以看出，不同粒径沙样的风蚀量随含水率变化具有相同的趋势，当含水率从 1% 增加到 2% 时，风蚀量会急剧减小；但不同粒径的沙样又各具有不同的特点，粒径越大的沙样对含水率要更敏感一些，在低含水率阶段随着含水率的增加，粗大颗粒的风蚀量变化比细小颗粒大。大粒径的沙粒属于难蚀颗粒，在加之少量水分的增加，会增加沙粒颗粒之间的黏滞性，越不容易被风蚀。从表 6-10 可以看出，粒径越大，含水率越大，风蚀量越小，说明大粒径沙粒在干含水率条件下越不容易发生风蚀；粒径范围为 0.63~1.00mm 的沙粒和粒径范围为 0.05~0.065mm 的沙粒相比，在含水率为 1% 时，风蚀量相差不大，随着含水率的增大，两者的风蚀量之差越来越大，当含水率达到 5% 时，前者的风蚀量是后者 25 倍，但随着粒径的增大，两者风蚀量只差越来越小。这是因为沙粒粒径越大，持水性越强，在试样沙样逐渐变干的情况下，水分子吸附在沙样表面，形成了一层保护膜，同时使水分子不会由于试验沙样干燥而试验沙样上部运动。

为研究不同粒径、不同粒径对风蚀量的影响作用，将表 6-10 中的试验数据利用 SPSS 17.0 软件，将风蚀量作为因变量，风速和含水率作为自变量进行方差分析和回归分析，分析结果见表 6-11 和表 6-12。

表 6-12 粒径、含水率对风蚀量影响的方差分析

Tab. 6-12 Variance analyze of the influence of diameter and water content on the wind erosion amount

变异来源	Ⅲ型平方和	*df*	均方	*F*	*P*	偏 Eta 方
校正模型	1 079.102[a]	12	89.925	615.779	0.000	0.996
截距	2 102.370	1	2 102.370	14 396.367	0.000	0.998
粒径	258.316	8	32.290	221.109	0.000	0.985
含水率	804.563	4	201.141	1 377.349	0.000	0.995
误差	3.943	27	0.146			
总计	3 732.778	40				
校正的总计	1 083.045	39				

注：因变量为风蚀量；R^2 =0 .996（调整 R^2 = 0.995）；使用 alpha 的计算结果等于 0.05

从表6－12可以看出，粒径和含水率两因素的 P 值都为0.000，按0.05检验水准，可认为粒径、含水率两因素效应显著，即粒径、含水率对风蚀量有显著影响；含水率因素的Eta方大于粒径因素的Eta方，可认为在一定风速条件下，含水率因素对总变异的贡献大于粒径因素，即不同粒径、不同含水率条件下，含水率对风蚀量的影响起主要作用。

表6－13 粒径、含水率对风蚀量影响的回归分析

Tab. 6－13 Regression analysis of the influence of diameter and water content on the wind erosion amount

模型	非标准化系数		标准系数	t	P
	偏回归系数	标准误差	偏回归系数		
（常量）	19.710	0.784		25.129	0.000
粒径	－9.520	1.157	－0.480	－8.225	0.000
含水率	－296.121	21.458	－0.805	－13.800	0.000

注：因变量为风蚀量

由表6－13可以看出，粒径、风速与风蚀量之间存在线性关系，经 t 检验，粒径和含水率的 P 值都为0.000，按 $\alpha=0.05$ 水平，均有显著意义。根据上表中的数据可以建立风蚀量与含水率和粒径的线性回归方程为：

$$Q = -9.52D - 296.121M + 19.71 \qquad r = 0.920$$

式中：Q 表示风蚀量；M 表示含水率；D 表示粒径；常数项为19.71；回归系数分别为－9.52和－296.121。

6.3.2.3 不同风速、不同含水率对风蚀量的影响

表6－14 含水率、风速对风蚀量的影响

Tab. 6－14 The variation of wind erosion amount with water content and wind speed

粒径（mm）	风蚀量（g）									
	风速16m/s					风速18m/s				
	1%	2%	3%	4%	5%	1%	2%	3%	4%	5%
0.63～1.00	11.20	4.02	1.40	0.72	0.25	13.50	6.02	3.20	1.50	0.50
0.50～0.63	13.05	6.02	3.40	1.50	0.74	15.60	8.05	4.15	2.30	0.92
0.25～0.50	15.25	8.20	5.42	3.68	3.02	17.20	9.60	6.54	4.42	3.80
0.125～0.25	17.00	9.99	7.15	5.32	4.75	18.63	11.01	8.25	6.32	5.26
0.10～0.125	17.50	10.04	7.25	5.40	4.80	18.98	11.25	8.96	6.98	5.64
0.075～0.10	18.98	12.10	8.40	6.88	6.04	20.26	14.56	9.50	7.98	6.86
0.065～0.075	19.05	12.20	7.48	6.95	6.10	20.46	14.96	9.75	8.26	7.06
0.05～0.065	19.20	12.25	8.52	7.00	6.20	20.98	15.36	10.02	8.65	7.45

从表6－14可以看出，当沙粒粒径一定时，风蚀量与风速和含水率呈不同的相关关系，风蚀量随含水率的增加而减小，随着风速的增加而增大。风蚀量随风速的增大而增大的过程中，沙粒含水率越大，风蚀量随风速增大的幅度越小；沙粒粒径越大，风蚀量随风速增大的幅度越大。沙粒粒径越小，含水率越小，风速越大，风蚀量越大，说明小颗粒沙粒在低含水率大风条件下最容易被风蚀。

表6－15　含水率、风速、粒径对风蚀量的影响方差分析

Tab. 6－15　Variance analyze of the influence of diameter, wind speed and water content on the wind erosion amount

变异来源	Ⅲ型平方和	*df*	均方	*F*	*P*	偏 Eta 方
校正模型	2 345.713[a]	13	180.439	696.456	0.000	0.993
截距	3 594.250	1	3 594.250	1 3873.003	0.000	0.995
粒径	532.750	8	66.594	257.037	0.000	0.969
含水率	1 759.659	4	439.915	1 697.973	0.000	0.990
风速	37.269	1	37.269	143.851	0.000	0.685
误差	17.099	66	0.259			
总计	8 597.675	80				
校正的总计	2 362.812	79				

注：因变量为风蚀量；R^2 =0 . 993（调整 R^2 = 0. 991）；使用 alpha 的计算结果等于 0. 05

从表6－15可以看出，粒径、含水率和风速三因素的 P 值都为0.000，按0.05检验水准，可认为粒径、含水率河风速三因素效应显著，即粒径、含水率和风速对风蚀量有显著影响；含水率因素的 Eta 方最大，可认为含水率因素对总变异的贡献大于粒径和风速因素，即不同粒径、不同含水率、不同风速条件下，含水率对风蚀量的影响起主要作用。

表6－16　含水率、风速、粒径对风蚀量的影响回归分析

Tab. 6－16　Regression analysis of the influence of water content, diameter and wind speed on the wind erosion amount

模型	非标准化系数		标准系数	*t*	*P*
	偏回归系数	标准误差	偏回归系数		
（常量）	9.035	3.630		2.489	0.015
粒径	－9.668	0.808	－0.465	－11.965	0.000
含水率	－310.967	14.932	－0.809	－20.826	0.000
风速	0.698	0.211	0.128	3.303	0.001

注：因变量为风蚀量

由表6－16可以看出，粒径、风速和风速与风蚀量之间存在线性关系，经 t 检验，粒径和、含水率的 P 值都是0.000，风速的 P 值是0.001，按 α =0.05水平，均有显著意义。根据上表中的数据可以建立风蚀量与风速、粒径和风速的线性回归方程为：

$$Q = 0.698V - 9.668D - 310.967M + 9.035 \qquad r = 0.90$$

式中：Q 表示风蚀量；V 表示风速；D 表示粒径；M 表示含水率；常数项为9.035；回归系数分别为0.698、-9.668和-310.967。

本章小结

通过室内模拟试验研究不同粒径的泥沙在不同含水率条件下的起沙风速，试验结果表明以下几点。

①对于干沙而言，当粒径小于0.1mm时，起沙风速随粒径的增大而减小；当粒径大于0.1mm时，起沙风速随粒径的增大而增大。因此，沙粒的起沙风速最小值对应的临界粒径为0.1mm。

②在沙粒粒径一定的情况下，起沙风速与泥沙含水率成线性关系，起沙风速随着含水率的增大而增大，并且当含水率低于2%时，起沙风速随含水率的增大而迅速增大，而当含水率高于2%时，其增大趋势相对变缓；通过线性回归分析得到起沙风速随含水率变化的函数一般关系式：$V = a + bM$，其中，V 表示起沙风速，M 表示含水率，a 为回归常数，b 为回归系数。

③在不同粒径和含水率条件下，通过方差分析和线性回归分析，得到起沙风速与粒径和含水率的线性回归方程 $V = 171.875M + 4.176D + 3.218$ ，$r = 0.948$。

通过室内模拟试验研究在不同粒径、不同风速条件下辽河干流滩地泥沙的风蚀量，试验结果表明以下几点。

①在沙粒粒径一定的条件下，风蚀量与风速呈线性正相关关系，当沙粒粒径小于0.50mm时，风蚀量随风速的变化存在突然增大的转折点，对应的转折风速为8m/s。总体来看，当风蚀量增加的程度随风速的增大而较为缓慢，当风速超过8m/s后，风蚀量随风速的增大而突然急剧增加，而当粒径大于0.50mm时，风蚀量随风速的变化不太明显。

②在一定风速条件下，辽河干流滩地泥沙的风蚀量和沙粒粒径呈负相关关系，即风蚀量随沙粒粒径的增大而逐渐减小，因此，从风蚀量的角度来说，沙粒粒径越小，沙粒的抗风蚀性越弱，越容易被风蚀，粒径在0.05~0.50mm范围的沙粒越容易被风蚀，属于易蚀性颗粒。

③在不同粒径和风速条件下，通过方差分析和线性回归分析，得到风蚀量与粒径和风速的线性回归方程 $Q = 1.590V - 3.351D - 2.467$ ，$r = 0.985$。

通过室内模拟试验研究在不同粒径、不同风速、不同含水率条件下辽河干流滩地泥沙的风蚀量，试验结果表明以下几点。

①风蚀量随含水率的增加而减小，呈负相关关系。风蚀量在随含水率的增大而减小的过程中，在低含水率阶段，风蚀量随含水率的增加而减小，减小的趋势十分明显，这种减小的趋势随含水率的逐渐增大而变得相对平稳，到沙样极限含水率时，风蚀量的减小变得不明显，同时，在研究2%的含水率可能是抵御风蚀能力从弱到强的转折点。对于一定粒径范围的沙粒，得到风蚀量与含水率的一般函数关系式 $Q = b_0M^{b_1}$ 其中，Q 为风

蚀量，M 为含水率，b_0为回归常数，b_1为回归系数。

②在一定风速条件下，不同粒径沙样的风蚀量随含水率变化具有相同的趋势，当含水率从1%增加到2%时，风蚀量会急剧减小；但不同粒径的沙样又各具有不同的特点，粒径越大的沙样对含水率要更敏感一些，在低含水率阶段随着含水率的增加，粗大颗粒的风蚀量变化比细小颗粒大。在不同粒径和含水率条件下，通过方差分析和线性回归分析，得到风蚀量与粒径和含水率的线性回归方程 $Q=-9.52D-296.121M+19.71$，$r=0.92$。

③当沙粒粒径一定时，风蚀量与风速和含水率呈不同的相关关系，风蚀量随含水率的增加而减小，随着风速的增加而增加；沙粒粒径越小，含水率越小，风速越大，风蚀量越大，说明小颗粒沙粒在低含水率大风条件下最容易被风蚀。在不同粒径、不同风速和不同含水率条件下，通过方差分析和线性回归分析，得到风蚀量与粒径、风速和含水率的线性回归方程 $Q=0.698V-9.668D-310.967M+9.035$，$r=0.90$。

研究结果可为防治风力侵蚀提供依据，同时对建立河道起沙预报模型具有指导意义。但是沙粒起动机理目前还没有形成统一的认识，存在不同的学说，加之风沙颗粒运动受多种因素的影响，本文中只考虑了粒径和含水率对起沙风速的影响，以后的研究应增加植被盖度对起沙风速的影响，因此，辽河干流滩地泥沙的起沙规律有待进一步探讨。

7 辽河干流输沙水量研究

辽河的含沙量较高，仅次于黄河、海河，在中国排第三位，辽河下游多年平均输沙量达 1187.96×10^4t，多年平均含沙量达 $3.32kg/m^3$，由于泥沙含量比较高，大量泥沙进入下游后不能全部输送入海，必然造成淤积，导致水位抬升，河道的排洪能力降低，并成为下游河流改道、洪水泛滥的主要原因。辽河的此种情况，在一定程度上影响了辽河的水利功能和流域内生产，生活和生态功能。辽河最重要的功能之一就是泥沙的输运。泥沙的输运不仅影响着辽河下游的河道演变，还关系到其泄洪排沙乃至污染物的迁移、动植物的栖息等，因而保持必需的输沙用水，是维持辽河下游河道正常演变及其功能的首要条件。目前，水已成为辽河流域自然和经济可持续发展的制约因素，因而节约输沙用水对辽河具有重要的理论和实践意义。

本章针对在我国黄河流域提出并实践应用的多沙河流几种输沙水量主要研究与计算方法，从不同方法和角度对辽河干流不同河段分别进行探索性计算研究，其中，用总水量与总沙量之比表达输沙水量的输沙总水量计算法与应用含沙量法计算输沙水量在本质上没有根本区别，在这里不再单独进行研究。本章主要应用含沙量法、河道水沙资料法、净水量法和能量法 4 种方式进行输沙水量的计算和分析。

7.1 应用含沙量法的辽河干流输沙水量计算

辽河干流河流输沙水量与上游来水、来沙条件密切相关，同时也与河道淤积水平、水库及其他拦河水利枢纽运行方式等密切相关。辽河干流河流输沙水量的研究是辽河流域水资源管理、全流域水库协调优化调度的重要理论依据。目前，对辽河下游输沙水量的研究较少，本节以输沙水量概念为依据，探索输沙水量与其影响因子之间复杂关系。

7.1.1 输沙水量计算方法

本节应用石伟，王光谦（2003）在黄河流域改进并应用的含沙量法对辽河下游输沙水量进行计算。对输沙水量的定义为：河流的某一断面或某一河段将其上游单位重量泥沙输送入至下游或入海所用的清水的体积。虽然辽河下游输送泥沙的过程相似于黄河流域，不是一个平衡的输沙过程，但按照上述输沙水量的概念，在计算实际输沙水量时可以不考虑这一不平衡输沙过程，而只考虑某时段内，某一河段或某一断面的平均含沙量，从而获得实际输沙水量计算式如下：

输沙水量：
$$q_s\ (\mathrm{m^3/t}) = \left(1 - \frac{0.001 \times s}{\gamma_s}\right) / (0.001 \times 5) \tag{7.1.1}$$

式中：s 为某一段面在某时段内的平均含沙量（kg/m^3）；γ_s为河流泥沙容重（t/m^3），一般取 2.65（t/m^3）。

从式（7.1.1）可得，

输沙水量：
$$q_s\ (\mathrm{m^3/t}) = \frac{1\,000}{s} - \frac{1}{\gamma_s} \tag{7.1.2}$$

由式（7.1.2）可知，河流某一断面的输沙水量与该断面的平均含沙量呈反比关系。

对于一维明渠流动条件，用某一时段平均流量和平均含沙量来粗略估算辽河下游输沙水量而言，可以应用输沙平衡原理：

$$Q_1S_1 - Q_3S_3 - \frac{1\,000\Delta Z}{\Delta t} = Q_2S_2 \tag{7.1.3}$$

式中：Q_1、Q_2、Q_3为该河段上、下游断面及工程引水在某时段平均流量（m^3/s）；S_1、S_2、S_3为该河段上、下游断面及工程引水在某时段平均含沙量（kg/m^3）；ΔZ 为该河段泥沙冲淤量（t），冲刷为负、淤积为正；Δt 为该河段泥沙冲淤时间（s）。

另有，

$$Q_3S_3 = \frac{1\,000T}{\Delta t} \tag{7.1.4}$$

式中：T 为该河段引沙量，单位为（t）；Δt 为该河段引沙时间（s），由式（7.1.2）~式（7.1.4）得，河流的输沙水量 q_s为：

$$q_s = \frac{1\,000}{\left(S_1Q_1 - \frac{1\,000T}{\Delta t} - \frac{1\,000\Delta Z}{\Delta t}\right)\frac{1}{Q_2}} - \frac{1}{\gamma_s} \tag{7.1.5}$$

为了计算输送单位泥沙所需要的最优输沙水量，根据式（7.1.2）分析可知，某一断面输沙水量与其平均含沙量成反比，即平均含沙量越大，相应的输沙水量越小，因而要使输沙水量 q_s取最小，必须使断面平均含沙量 S 取最大。但随断面平均含沙量 S 的增大，相应的下游河道淤积比也增大，因而最小输沙水量应该是输沙效率与河道淤积状况综合最优时的输沙水量（石伟等，2003）。

根据石伟等（2003）已经在黄河流域获得的研究经验，以及在本研究区域辽河干流实测资料分析表明，某一断面输沙水量也与其平均流量成反比。如图 7－1 所示，当接近辽河干流流域出口处的六间房水文站月均流量小于 100m^3/s 时，六间房水文站月均输沙水量随月平均流量的增加而迅速减小，迅速从 80 000m^3/t 降到 5 000～10 000m^3/t；当月平均流量大于 100m^3/s 之后，将随月平均流量的增加输沙水量缓慢减小，从 100m^3/s 的 5 000～10 000m^3/t 降到 200m^3/s 的 3 000m^3/t 左右，到 400m^3/s 的 1 000m^3/t 左右。也就是说，当流量大于 100m^3/s 以后，流量对输沙水量的影响较小，因而从节约用水的角度考虑，计算最优输沙水量时并不是选取的流量越大越好。也有研究者在黄河流域研究结果表明，在一定来水、来沙条件下，流量接近于平滩流量 Q_m 时，河道的挟沙力达到最大值，此时河道的排沙比也最大，那么此时的输沙水量应该是输沙效率与河道淤积状况综合最优时的输沙水量，也就是最优输沙水量。作为框架式宏观计算，假设在式(7.1.5)中有 $Q_1 = Q_2 = Q_m$，S_m 为某一时段平均平滩流量 Q_m 对应的平均含沙量，则最小输沙水量 q_{sm} 为：

$$q_{sm} = \frac{1\,000}{\left(S_m Q_m = \frac{1\,000T}{\Delta t} - \frac{1\,000\Delta Z}{\Delta t}\right)\frac{1}{Q_m}} - \frac{1}{\gamma_s} \tag{7.1.6}$$

式中：S_m 是某一时段平均平滩流量 Q_m 对应的平均含沙量（kg/m^3）。

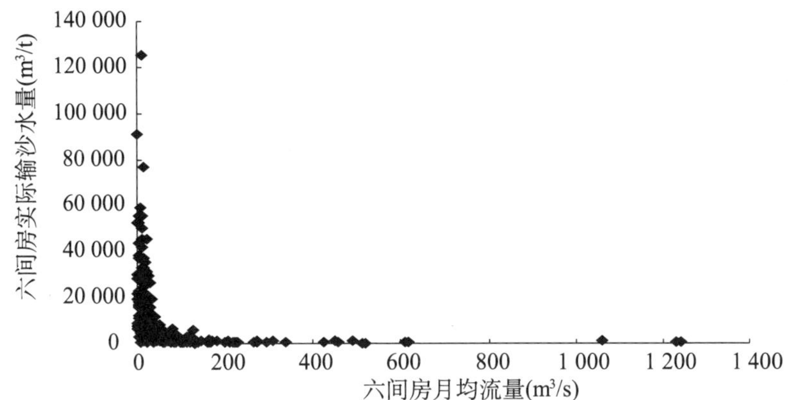

图 7-1 六间房水文站实际月均输沙水量与月均流量关系

Fig. 7-1 Relationship between the actual mean monthly water volume for sediment transport and the mean monthly discharge at Liujian-fang

7.1.2 输沙水量计算

实际上，本节对辽河下游最优输沙能力下最优输沙水量进行的概算，并不是对未来辽河下游输沙过程中水沙搭配关系进行的预测。月均平滩流量及其对应的月均含沙量的选取，考虑到辽河下游河道演变各阶段的特点，选取 1988—1992 年及 1998—2007 年时段的月均流量来对辽河下游最小输沙水量进行估算，因为这两个时期河道状况相对良好，水流造床作用较强。它们在这两个时段的月均造床流量分别为：78.5m^3/s、88.9 m^3/s，由于造床流量与平滩流量基本相当，因而本节以 83m^3/s 作为估算辽河下游最优输沙水量的月均平滩流量。

根据水文站实测资料分析，各时段实测月均流量与月均含沙量关系并不是完全对应，因而从中很难找到与平滩流量相应的月均含沙量。因此，本研究从对辽河下游最优输沙水量进行框架式宏观粗略估算的角度出发，以 1988—2010 年六间房水文站实际月均输沙水量与其月均含沙量关系曲线上（图 7-2），月均输沙水量随月均含沙量的增加而下降开始变缓处的月均含沙量值，作为估算辽河下游最优输沙水量的月均含沙量，考虑到辽河下游汛期平均含沙量约为 3kg/m^3 并参照相关学者的研究结果，本研究将含沙量值取为 3 ~ 12kg/m^3。由式（7.1.6）计算得辽河下游最优输沙水量见表 7-1。

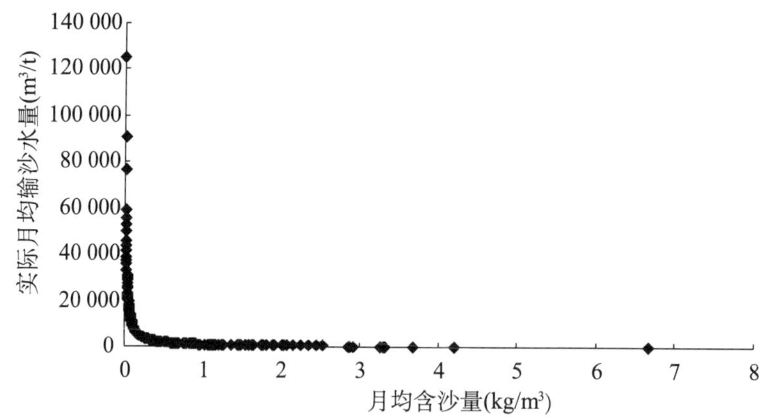

图 7-2 1988—2010 年六间房水文站实际月均输沙水量与月均含沙量关系

Fig. 7-2 Relationship between the actual mean monthly water volume for sediment transport and themean monthly sediment concentration at Liujian-fang during 1988—2010

表 7-1 辽河下游最经济输沙水量的估算

Tab. 7-1 Preliminary estimation of the most economical water volume for the sediment transport of the Lower Liaohe River

引沙量（万 t）	月均平滩流量（m^3/s）	月均含沙量（kg/m^3）	相应的输沙水量（m^3/t）
200	83	3	446.77
		12	88.62
100	833	3	381.56
		12	85.31

需要说明的是，这里的计算结果仅是对辽河下游最小输沙水量从宏观上粗略的概算，并不是在一年中的每一个月均能实现的。欲使流量维持一定时间并使泥沙在此时输送，需要一定的人为控制。在同一流量下输沙水量对含沙量的变化很敏感。另外，本节计算的最小输沙水量是辽河下游将其单位重量来沙输送入海所用的水量，要计算某段时间内，输送来沙入海所需用水总量，还需要将此数乘以该时段内的来沙量。

本节直接从河流输沙水量的概念出发，推导出在考虑了河道冲淤、引水、引沙情况下河流最小输沙水量的计算关系式。对辽河下游最小输沙水量进行了估算，得到辽河下游在维持良好输沙功能前提下的最小输沙水量约为 90～400m^3/t。在石佛寺水库投入运行，辽西北供水工程及其他辽河干流拦河水利工程完工以后，对辽河下游水、沙的调控能力将大大增强，有计划调配水量、流量是完全有可能的，使辽河下游输沙水量降到 90～400 m^3/t是有可能的，在实际中的操作也是可能实现的。

7.2 辽河干流输沙水量的河道水沙资料分析法研究

为了不使辽河下游淤积情况进一步加重，需要留一部分水量进行输沙。而输沙水量的研究就是为了节约输送泥沙的水量，使有限的水资源得到高效的利用。本节研究输沙水量是指在一定来沙条件下，维持下游河道淤积在某一水平，通过某一量级的洪水将进入下游一定数量的泥沙输送到某一断面以下所需的水量；输送单位重量的泥沙所需要的水量称为单位输沙水量。本节研究在辽河下游河道演变基本规律的基础之上，对维持河道稳定的输沙水量进行研究，为辽河的治理提供科学依据。张燕菁等（2007）研究成果表明，辽河河道输沙水量与来沙量大小成正比，辽河干流下游河段多年平均输沙水量小于不淤输沙水量，说明现有的来水量不足以维持下游河道的冲淤平衡，要保证下游河道不发生持续性淤积，还需要采取其他措施增加输沙水量，以便维持下游河道的相对稳定。本节输沙水量通过汛期、非汛期、洪水期河道水沙资料分析，进一步揭示径流与泥沙之间关系，从而探讨高效输沙水量问题（图7－3、图7－4）。

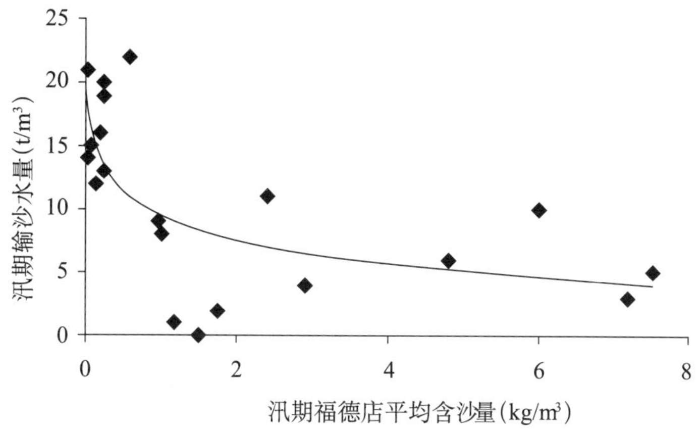

图7－3　汛期通江口输沙水量与福德店平均含沙量关系

Fig. 7－3　Relationship between the water volume for sediment transport at Tongjiang-kou and the mean sediment concentration at Fude-dian in flood season

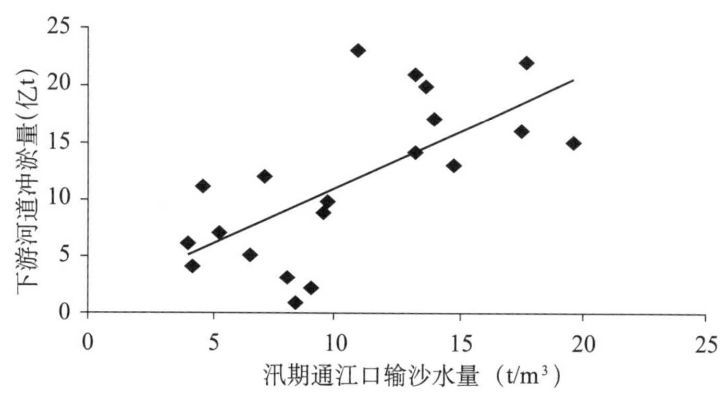

图7－4　汛期河道冲淤量与通江口输沙量关系

Fig. 7－4　Relationship between the accumulative deposition and erosion in the lower reaches and sediment load at Tongjiang-kou in flood season

7.2.1　汛期输沙水量

对辽河干流福德店数据分析显示，汛期输沙水量占全年输沙水量的60%～80%，输沙水量总体较小，根据辽河干流福德店水文站数据（1988—2010）分析可知，最大输沙水量19.6m³/t，最小为4.07 m³/t，输沙水量变化较大。输沙水量主要受来水含沙量的影响，当来水含沙量大于6.0025kg/m³时，尽管输沙水量较小，但随含沙量的进一步增大，其减小幅度较小，河道淤积较为严重。而当含沙量小于1.489kg/m³时，随含沙量减少，输沙水量增加幅度明显，但消耗水量较大。经分析，河道输沙水量可按下列计算式计算而得。

$$\eta_{tjk} = -2.66\ln(S_{fdd}) + 9.449 \qquad (7.2.1)$$

$$W_s = 0.999\eta_{tjk} + 1.001 \qquad (7.2.2)$$

式中：η_{tjk}为通江口输沙水量 m³/t；S_{fdd}为福德店含沙量（kg/m³）；W_s为河道冲淤量（10^8t）。

7.2.2 非汛期输沙水量

辽河具有非汛期小流量河槽淤积，汛期大流量河槽冲刷、滩地淤积，汛后河槽泥沙回淤的特点。因此非汛期的输沙水量普遍要比汛期输沙水量要大（图7-5、图7-6）。

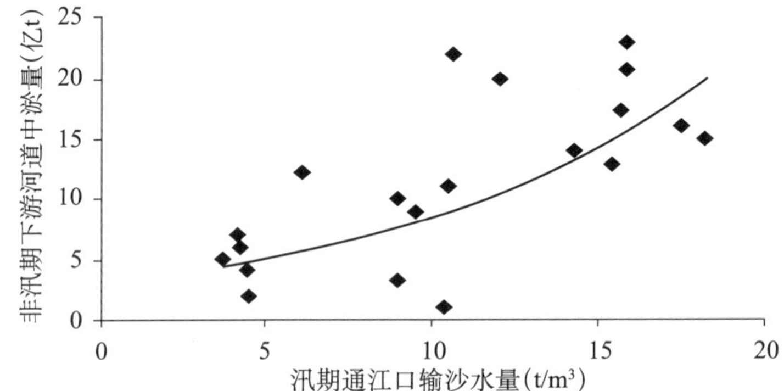

图7-5 非汛期下游河道淤积量与通江口输沙水量关系

Fig. 7-5 Relationship between the siltation volume of lower river and the water volume for sediment transport at Tongjiang-kou in non-flood season

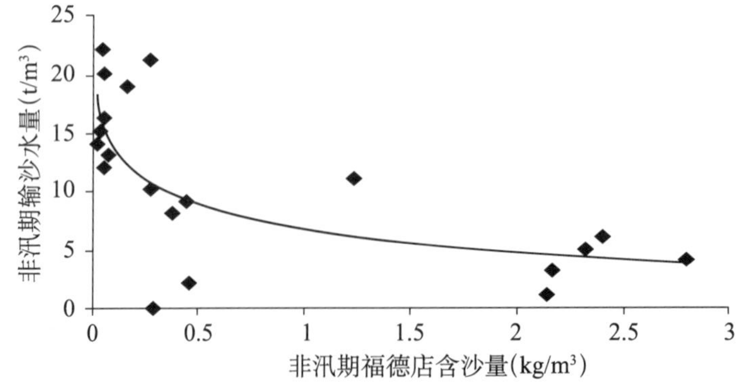

图7-6 非汛期通江口输沙水量与福德店平均含沙量关系

Fig. 7-6 Relationship between the water volume for sediment transport at Tongjiang-kou and the mean sediment concentration at Fude-dian in non-flood season

输沙水量的大小主要取决于水流的冲刷能力，由于下游河道在非汛期只冲刷到辽中，在辽中以下发生淤积，因此，福德店到辽中一带，输沙水量是沿程减小的，而辽中以下的输沙水量是沿程逐渐增加的。经过进一步分析表明，非汛期的输沙水量主要受来水量的影响，来水量大，冲刷量大，输沙水量小；来水量小，冲刷量小，输沙水量大。在冬三月（12 月至次年 2 月），尽管上游来沙量较小，但由于河流冰冻，流量小，阻力加大，流速减小，河道输沙能力降低，辽中以上河段虽发生冲刷，由于冬三月下泄流量较小，造成辽中以下河段淤积，输沙水量很大，输沙效率很低，还可能造成凌汛威胁，因此，这部分水量应充分加以利用，对辽河本身有利无弊。应用福德店数据建立计算公式如下：

$$\eta_{tjk} = -2.95\ln(S_{fdd}) + 6.738 \quad (7.2.3)$$

$$W_s = 2.907e^{1.06\eta} \quad (7.2.4)$$

式中：η_{tjk}为通江口输沙水量（m^3/t）；S_{fdd}为福德店含沙量（kg/m^3）；W_s为河道冲淤量（10^8t）。

7.2.3 洪峰期输沙水量

辽河下游水沙主要集中在汛期，汛期水沙又集中在洪峰期，因此研究洪峰期输沙水量的变化规律，将为水资源的开发利用及水库调度提供科学依据。经过数据分析可知，随来水含沙量的增加，输沙水量会减少，当含沙量大于 6.0025kg/m^{3}时，输沙水量基本稳定在一定范围，变化极小；含沙量小于 1.489kg/m^{3}时，随含沙量的减少，输沙水量急剧增加。进一步分析表明，当含沙量大于 6.0025kg/m^{3}后，输沙水量虽比较稳定，但河道淤积较为严重；当含沙量小于 0.9625kg/m^{3}时，河道冲刷，输沙水量较大。这表明，输沙水量与河道冲淤关系密切，在一定的来水、来沙条件下，是以一定的河道冲淤状况为基础的，充分利用水资源节约输沙用水，同时又使河道处于微淤状态是兼顾两者的最好办法。从洪峰期输沙水量与冲淤量的沿程变化来看，淤积集中在平安堡到辽中河段，辽中以下河段淤积较少，甚至会发生冲刷，这种输沙特性与河道边界条件密切相关。

7.2.4 高效输沙洪峰

既要维持河道少淤，又要减少输沙水量，兼顾两者，提高水资源的利用率，是需要研究的主要问题之一。从 1988—2010 年洪水中挑选出高效输沙洪峰进行分析，总体来看，这些高效输沙洪峰，来水洪峰流量平均不大于 2 470m^3/s，同时，不发生大漫滩，平均含沙量 0.493 ~ 0.770kg/m^3，前期河床经过淤积调整，大部分发生在 8 月，这与上述下游河道输沙能力在接近平滩流量时为最大的概念是一致的。

7.3 辽河干流输沙水量的能量平衡法计算研究

河流动力学理论表明，对冲积河流而言，水流和河道边界条件之间的相互适应过程是以泥沙运动为纽带来实现的。当来水量具有富余的输沙能力时，将冲刷河道河槽；当来水量不足以输送挟带的泥沙时，泥沙在床面落淤。因此，来水不但具有输沙作用，还有塑造河槽的作用，两者是密不可分的，在河道出口断面两种作用已经完成。从这个意义出发，为了强调水流对河床边界条件的再塑造作用，可将河道出口断面水量称为塑槽输沙用水量（杨丰丽等，2010）。根据实践应用的要求，需要对辽河的塑槽输沙需水量进行计算，这样可以更好地了解水流对河道主槽的塑槽作用及河道主槽的排洪功能，以便于可以合理地开发、利用及保护辽河水资源。本节应用吴保生等（2012）在黄河流域应用的能量平衡的方法，探讨辽河干流输沙水量。

7.3.1 辽河河道挟沙水流的能量平衡

河流的基本功能是汇集流域面内的水流和泥沙，能够通过河道将上游的来水、来沙输送到下游出口处，离不开水流自身持续的能量耗散。辽河水流比较平稳，沿程流速变化不大，水流所具有的动能大小相对比较稳定，水流沿程所消耗的能量主要通过水体重力势能提供，水流的重力势能弥补其他形式能量的消耗。基于水流能量耗散的机理，可以得到河道挟沙水流能量平衡的基本表达式，即水流提供的能量可以分为水流克服边界阻力所消耗的能量与水流输送泥沙所消耗的能量，二者之和即为水流所能提供的总能量。

假设河道中水流所能提供的能量为 E，水流用于克服边界阻力、塑槽和维持一定的水力几何形态所消耗的能量为 E_1，而用来输送水流中的泥沙所消耗的能量为 E_2，则可以得到挟沙水流能量平衡的基本表达式为：

$$E = E_1 + E_2 \tag{7.3.1}$$

当水流沿程的流速变化不大时，水流所提供的能量主要体现在重力势能的减少。因此水流提供的总能量可以表达为如下形式：

$$E = \gamma W \times \Delta H \tag{7.3.2}$$

式中：γ 为水体的容重；W 为水体体积；ΔH 为研究河段进出口断面间高差。

平滩流量变化是与一定来水、来沙条件相适应的，不同的水沙条件塑造不同河槽，平滩流量是反映河道主槽大小的主要指标，能够综合反映主槽的几何形状、坡降和河床糙率的大小，因此，水流用于克服河床边界阻力、塑造和维持一定主槽的能量与平滩流量（Q_b）大小有关，可以将 E_1 表达为 Q_b 的函数，即 $E_1 = E_1(Q_b)$。此外，因水流输沙所消耗的能量直接与河道输沙量（W_s）的大小有关，E_2 可表示为 W_s 的函数，即 $E_2 = E_2(W_s)$。这样式（7.3.1）便可进一步表示为：

$$E = E_1(Q_b) + E_2(W_s) \tag{7.3.3}$$

将式（7.3.2）代入式（7.3.3）并变形可得：

$$W = \frac{1}{\gamma\ \Delta H}[E_1(Q_b) + E_2(W_s)] \tag{7.3.4}$$

上式即为基于河道挟沙水流能量平衡原理的塑槽输沙水量基本表达式，其中，$E_1(Q_b)$ 和 $E_2(W_s)$ 的表达式需根据具体资料确定。式（7.3.4）表明，河道总是需要具有一定的水量，其所提供的势能一部分用来克服河道边界阻力，塑槽和维持一定规模的水力几何形态，另一部分则用来输送水流中的泥沙，维持输沙平衡，两者之总和即为河道塑槽和维持一定主槽规模条件下顺利输送一定量的泥沙所需的水量。

7.3.2 辽河下游塑槽输沙需水量的计算

7.3.2.1 辽河下游塑槽输沙需水量的计算公式

当水流能量平衡原理应用于某一时段时，各项能量应该是该时段的累计能量，对于式（7.3.4）就是累计总水量。考虑到某一时刻河道的主槽形态是一定时期内水、沙条件累积作用的结果，应用式（7.3.4）时将采用有关变量的时段累积值（或平均值），其物理意义可以解释为对应的累计能量。对于辽河下游而言，某一时刻的平滩流量一般是前期4年水沙条件累积作用的结果，并且河床的变形主要集中在汛期大洪水期间，因此，本文采用4年汛期滑动平均水量 $\overline{W}$ 来表示塑槽输沙需水量，采用4年汛期滑动平均沙量 $\overline{W}_s$ 表示输沙量。

利用辽河下游1988—2010年福德店站及通江口站的实测汛期资料，通过分析塑槽输沙需水量与平滩流量及输沙量的关系（图7－7、图7－8、图7－9、图7－10），可以得出塑槽输沙需水量随平滩流量的增加而增加，二者之间具有一定的相关关系，根据分析结果可以将 E_1 和 E_2 简化为如下形式：

$$E_1(Q_b) = K'_1 K_1 Q_b^a \tag{7.3.5}$$

$$E_2(\overline{W}_s) = K'_2 \overline{W}_s \tag{7.3.6}$$

式中：K'_1、K'_2 为系数；a 为指数。

将式（7.3.5）和式（7.3.6）代入式（7.3.4），并令 $K_1 = K'_1/(\gamma\Delta H)$，$K_2 = K'_2/(\gamma\Delta H)$，就可以得到如下辽河下游塑槽输沙需水量的计算公式：

$$\overline{W} = K_1 Q_b^a + K_2 \overline{W}_s \tag{7.3.7}$$

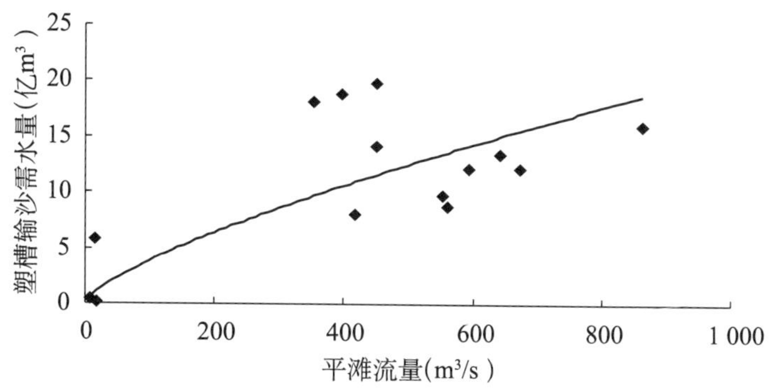

图7－7 福德店塑槽输沙流量与平滩流量的关系

Fig. 7－7 Relationship between the water demand for channel sediment transport in Fude-dian forming and River and the bank-full discharge

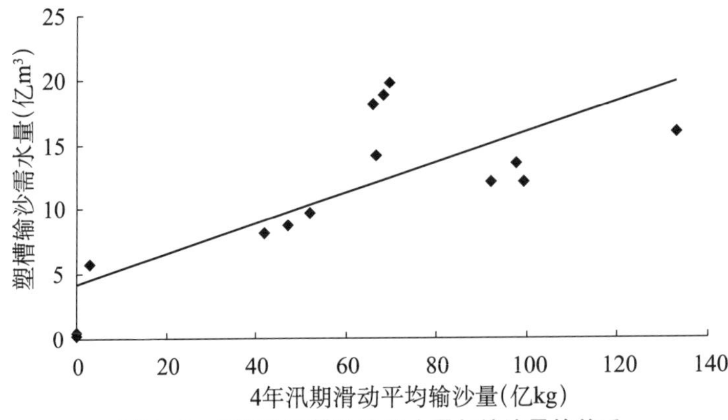

图 7－8　福德店塑槽输沙需水量与输沙量的关系

Fig. 7－8　Relationship between the water demand for channel sediment transport in Fude-dian forming and River and sediment load

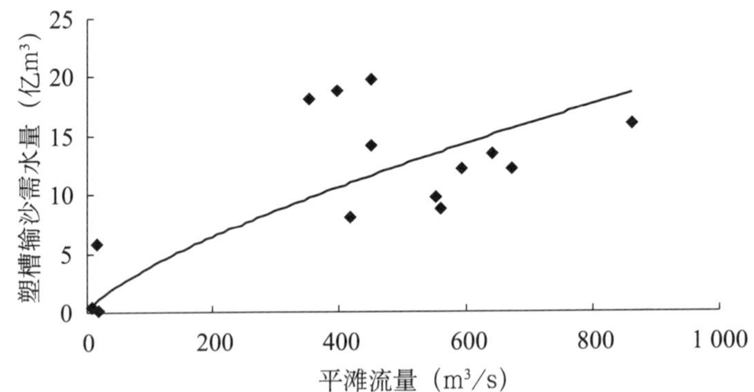

图 7－9　通江口塑槽输沙需水量与平滩流量的关系

Fig. 7－9　Relationship between the water demand for channel sediment transport in Tongjiang-kou forming and River and the bank-full discharge

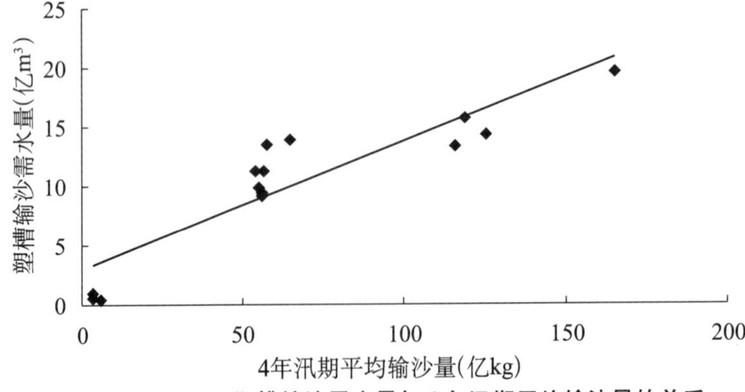

图 7－10　通江口塑槽输沙需水量与 4 年汛期平均输沙量的关系

Fig. 7－10　Relationship between the water demand for average channel sediment transport in 4 years in Tongjiang-kou forming and River and sediment load

式（7.3.7）中：K_1、K_2为系数；a 为指数。K_1、K_2及 a 需根据实测资料率定。

由式（7.3.7）可知，当 $\overline{W}_s$ 很小乃至等于零时，上式简化为一般河流不考虑泥沙影响的水力几何形态关系。对于一般河流，含沙量较小，河道处于输沙平衡或微冲微淤状态，$\overline{W}_s$ 与 $\overline{W}$ 之间具有较好的相关关系，因此，来沙量的影响可以忽略不计，或是隐含在水力几何形态关系 $\overline{W}=K_1Q_a^b$ 中。

从能量的角度看，沙量的增加加大了水流输沙所消耗的能量，也就是加大了总水量中用于输沙的水量部分。事实上，当 $\overline{W}_s$ 趋于零，即水体的含沙量趋于零时，水流的全部能量将用于克服河床边界阻力，塑造和维持相应清水条件下的河道主槽，这时的需水量可以视为维持相应河道主槽的最小需水量或称基础需水量；当 $\overline{W}$ 不为零并逐渐增加时，塑槽输沙需水量必须在最小需水量的基础上进一步增加，以提供输沙所需的能量。

7.3.2.2 辽河下游塑槽输沙需水量计算公式系数的确定

采用式（7.3.7）表示的塑槽输沙需水量计算公式，利用辽河下游各主要测站1988—2010 年的实测汛期水沙资料及平滩流量资料（表 7－2），得到辽河下游各主要测站塑槽输沙需水量公式中的系数和指数（表 7－3）。

由表 7－3 可知，式（7.3.7）所得结果与实测值之间的相关系数 $R^2=0.708\sim0.9301$，相关程度较高，式（7.3.7）能够准确地表达塑槽输沙需水量与平滩流量、输沙量的关系。

表 7－2 辽河下游各主要测站的资料变化范围

Tab. 7－2 The changing range of Material of the gauging station of the lower reaches of Liaohe River

测站	年份	滑动平均年份	平滩流量（m^3/s）	4 年汛期滑动平均水量（10^8m^3）	4 年汛期滑动平均沙量（10^8kg）
铁岭	1988—2010	1991—2010	113～1 418	2.03～28.08	0.24～190.14
通江口	1988—2010	1991—2010	40～804	2.78～20.09	0.74～210.07
福德店	1988—2010	1991—2010	5～135	0.2～19.77	0.02～132.91

表 7－3 辽河下游各主要测站塑槽输沙需水量计算公式（7.3.7）的系数和指数

Tab. 7－3 The Coefficien and index of computational formula（7.3.7）of water demand for channel sediment transport at the gauging stations of the lower reaches of Liaohe forming and River

测站	K_1	K_2	a	R^2
铁岭	0.0948	0.021	0.769	0.8961
通江口	0.2222	0.0143	0.6394	0.9301
福德店	0.1176	0.133	0.7311	0.708

7.3.3 以辽河下游 3 站为输入条件的塑槽输沙需水量计算方法

7.3.3.1 计算公式的确定

由于辽河下游河床边界条件沿程的显著差异及上游来水来沙条件的剧烈变化，使得辽河下游河道主槽冲淤及平滩流量的沿程调整很不均衡，近年来出现了辽中段过流能力相对较小的局面，故要使整个辽河下游河道保持一定规模的主槽过流能力，首先必须保证马虎山至辽中河段有足够的主槽过流能力。本文选择马虎山站作为代表性断面，认为当马虎山站的平滩流量大于或等于某一流量时，整个辽河下游能保持该流量大小的洪水顺利入海而不发生漫滩。因此，以进入辽河下游平安堡、辽中和六间房3站的总水量、总输沙量为输入条件，将总水量、总输沙量与马虎山站的平滩流量建立联系，由此建立辽河下游河道塑槽输沙需水量的计算方法。

这里仍然采用式（7.3.7）表示的公式形式，利用1988—2010年马虎山站的实测平滩流量资料和1988—2010年平安堡、辽中和六间房3站汛期水沙资料（表7－4），总水量、总沙量分别取4年汛期滑动平均值，通过回归分析得到以平安堡、辽中和六间房3站水沙为输入条件的辽河下游河道塑槽输沙需水量的计算公式为：

$$\overline{W}_{pll} = 0.1474Q_{b,mhs}^{0.7803} + 0.4686\overline{W}_{s,pll} \qquad (7.3.8)$$

式中：$\overline{W}_{pll}$为辽河下游河道的塑槽输沙需水量（10^8m^3），以平安堡、辽中和六间房3站总水量的4年汛期滑动平均值计算；$\overline{W}_{s,pll}$为平安堡、辽中和六间房3站总沙量的4年汛期滑动平均值（10^8kg）；$Q_{b,mhs}$为马虎山站的平滩流量（m^3/s）。

表7－4　平安堡、辽中和六间房3站的水沙资料特征值

Tab. 7－4　Characteristic value of variation trend of runoff and sediment load about Pingan-bao station、Liaozhong station and Liujian-fang station

测站	年份	4年汛期滑动平均水量（10^8m^3）	4年汛期平均沙量（10^8kg）
平安堡	1988—2010	5.45～94.24	1.96～130.59
辽中	1988—2010	2.06～33.40	0.65～109.85
六间房	1988—2010	2.07～34.73	28.27～79.64

当输沙量一定时，塑槽输沙需水量随平滩流量的增大而增大，说明在来沙量一定时，要塑造更大的主槽、拥有更大的平滩流量，就需要更多的水流和能量，当平滩流量一定时，输沙量越大，塑槽输沙需水量越大，这是因为在河道主槽规模一定时，水流用于克服河道阻力的能量变化不大，而输沙量越大，则需要用于泥沙输移的能量也越多，所以塑槽输沙需水量也越大。当来沙量$\overline{W}_{s,pll}=0$时，$\overline{W}_{pll}$变为仅Q_b的函数，代表了来沙量为零的极限情况下塑槽需水量与平滩流量的关系，反映了这时的水流总能量将全部用于克服河床边界阻力，以塑造和维持相应清水条件下的主槽规模。基于平安堡、辽中和六间房3站水沙条件，以马虎山站平滩流量为代表，得到了辽河下游全河段维持一定主槽规模的塑槽输沙需水量的计算公式。

7.3.3.2　维持2 000m³/s平滩流量的塑槽输沙需水量

查阅相关资料，将平滩流量2 000m^3/s以上作为辽河下游主槽横断面恢复目标，就辽河下游目前的情况而言，可将维持马虎山站平滩流量2 000m^3/s以上作为实现辽河全下游平滩流量2 000m^3/s以上的充分条件。因此，取$Q_{b,mhs}=2\ 000m^3/s$，代入式（7.3.8）可得：

$$\overline{W}_{pll} = 55.499 + 0.4686\overline{W}_{s,pll} \qquad (7.3.9)$$

由于式（7.3.8）基于平安堡、辽中和六间房3站水沙条件及马虎山站平滩流量实测资料得到，实测点的分布存在一定的分散。因此，基于式（7.3.8）得到的塑槽输沙需水量是一种平均趋势，简称平均线。也就是说，当平安堡、辽中和六间房3站4年汛期滑动平均来水量达到平均线的水平时，马虎山站平滩流量可能会在2 000m³/s左右波动，但其平均值能够达到2 000m³/s目标主槽的要求。

考虑在90%保证率的情况下，计算的塑槽输沙需水量大于实测的安堡、辽中和六间房3站汛期来水量，并取 $Q_{b,mhs}=2\ 000\text{m}^3/\text{s}$，代入式（7.3.8）得到具有90%保证率实现辽河全下游目标主槽不小于2 000m³/s的塑槽输沙需水量上包线：

$$\overline{W}_{mhs} = 60.255 + 0.4686\overline{W}_{s,pll} \qquad (7.3.10)$$

式（7.3.10）可以看作是塑槽输沙需水量的上限值，对应塑造平滩流量的保证率为90%。式（7.3.9）可以看作是塑槽输沙需水量的下限值，低于此值时主槽就会发生萎缩，给定的平滩流量就难以维持。

给出了维持马虎山站的平滩流量为2 000m³/s时，辽河下游塑槽输沙需水量与来沙量的关系，其中上包线为式（7.3.10）计算结果，平均线为式（7.3.9）计算结果。平均线给出了需水量与来沙量的平均意义上的关系，上包线可认为给出了一定输沙量下的最大需水量，即反映了最大塑槽输沙需水量随来沙量的变化关系。

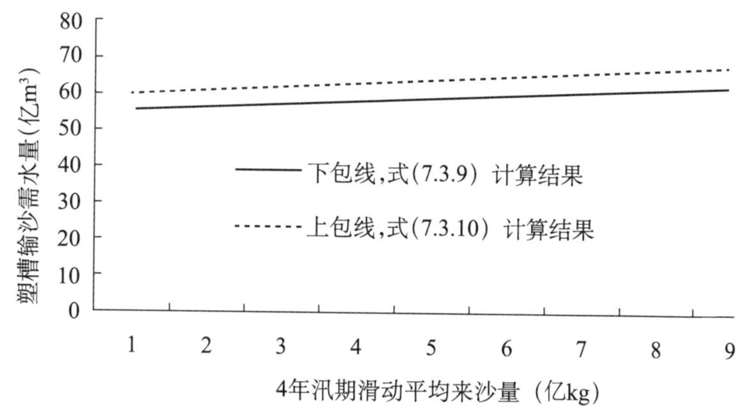

图7－11　辽河下游塑槽输沙需水量与来沙量的关系

Fig. 7－11　Relationship between the water demand for channel sediment transport in the lower Liaohe forming and River and incoming sediment

图7－11中的汛期来水量和来沙量均为4年滑动平均值，为了维持给定平滩流量 Q_b，不能只看当年汛期来水来沙量的大小，也允许个别年份的来水量小于滑动平均值，关键是要看包括当年在内的前期连续4年汛期平均来水来沙量的大小，原因是当年的平滩流量是连续4年汛期水沙条件累积作用的结果。平均线和上包线之间的区间可以看作是辽河下游维持 $Q_b=2\ 000\text{m}^3/\text{s}$ 的4年滑动平均汛期需水量的变化区间。作为乐观估计或允许围绕 $Q_b=2\ 000\text{m}^3/\text{s}$ 存在一定程度波动时，可用平均线计算塑槽需水量；作为保守估计或要求严格维持 $Q_b\geqslant 2\ 000\text{m}^3/\text{s}$ 时，可用上包线计算塑槽需水量；也可以结合其他研究成果及具体应用对象和目标，选取塑槽需水量区间中的某一个具体值或区间。

7.4 辽河干流输沙水量的净水量法计算研究

在上述研究中，并没有将输沙水量和净水量（净流量除去泥沙体积所剩的净水体积）区分开来，同时也没有明确在总水量中有多少水用来输移泥沙。本节应用严军等(2004）提出的净水量概念出发进行输沙水量分析。通常输沙水量是特定输沙情况下的净水量，但实际情况下，只有在淤积或冲淤平衡情况下，净水量才全部用于输沙。因此，只有在淤积或冲淤平衡情况下，上述计算出来的输沙水量才是单位净水量。

在天然河流中，一定条件下的水能够挟带一定量的泥沙，水流与泥沙存在着密切的关系，这就是水流挟沙力。也就是说，输送泥沙需要相应的水量，当实际水量大于此水量时，河道可能冲刷，进而达到新的水沙平衡，全部水量中只有部分水量用于泥沙输移；而当实际水量小于此水量时，部分泥沙将淤积于河道内，此时，全部水量用于输沙。因此，输沙水量还可以这样定义：在一定水沙条件和河床边界条件下，将一定量泥沙输移至下一河段所需要的水量。输沙水量是净水量的部分或者全部，该比例与河道冲淤状况和输沙效率密切相关（严军等，2004）。

由此，单位输沙水量即为在一定水沙条件及河床边界条件下，将单位重量泥沙输移至下一河段所需的水量。由于输沙水量与径流量、输沙量、平均流量、平均含沙量、来沙系数、冲淤量、冲淤比、输沙效率、河相系数、颗粒级配等因素息息相关，且与径流量关系最为密切，因此单位输沙水量反应输沙水量与输沙量的关系相比较于输沙水量数值更稳定，更能体现河道输沙特性（严军等，2004）。

由输沙水量与输沙效率相关的认识，可以通过下式来计算输沙水量：

$$W' = \eta^{\alpha} \cdot W_{\omega} \tag{7.4.1}$$

$$W_{\omega} = W - W_S/\gamma_S \tag{7.4.2}$$

式中：W'为输沙水量（m^3）；η 为输沙效率；α 为指数（其值由输沙效率 η 确定）；W_{ω}为净水量（m^3）；W 为径流量（m^3）；W_S为输沙量（10^8t）；γ_S为泥沙容重（通常取2.65t/ m^3）。

这里输沙水量的计算方法可分为输沙量法、含沙量法和冲淤比修正法，输沙效率 η 及系数 α 可分别按输沙量法、含沙量法和冲淤比修正法确定。

输沙量法中的输沙效率 η_1和含沙量法中的输沙效率 η_2可分别由下式表达：

$$\eta_1 = W_{S进}/W_{S出} \tag{7.4.3}$$

$$\eta_2 = S_{进}/S_{出} \tag{7.4.4}$$

式中：$W_{S进}$和 $W_{S出}$分别为进、出口站输沙量（t）；$S_{进}$和 $S_{出}$分别为进、出口站含沙量（kg/ m^3）。当 $\eta_1 <1$ 时，进口站输沙量 $W_{S进}$小于出口站输沙量 $W_{S出}$，河段冲刷，取 $\alpha =1$；当 $\eta_1 \geq 1$ 时，进口站输沙量 $W_{S进}$大于或等于出口站输沙量 $W_{S出}$，河段淤积或冲淤平衡，取 $\alpha =0$。当 $\eta_2 <1$ 时，进口站含沙量小于出口站含沙量，河段冲刷，取 $\alpha =1$；当 $\eta_2 \geq 1$ 时，进口站含沙量大于或等于出口站含沙量，河段淤积或冲淤平衡，取 $\alpha =0$。

因冲淤平衡状态是一个范围，通常难以精确把握，对辽河下游这种淤积性河道，可适当放宽对冲淤平衡状态的要求，如认为淤积比等于0.1或0.2时河道近似处于冲淤平衡状态（即 $\eta'_{临界}=0.1$ 或0.2），引入与 $\eta'_{临界}$ 相关的冲淤比修正系数 A，由下式计算不同淤积比时的输沙水量：

$$W'=(A\cdot\eta)^{a}\cdot W_{\omega} \tag{7.4.5}$$

$$A=1-\eta'_{临界} \tag{7.4.6}$$

冲淤比修正法中的净水量 W_{ω} 和输沙效率 η 分别由式（7.4.2）和式（7.4.3）计算，冲淤比 η' 则由下式计算：

$$\eta'=\Delta W_{S}/W_{S进}=(W_{S进}\cdot W_{S出})/W_{S进} \tag{7.4.7}$$

式中：$W_{S进}$ 为进口站输沙量（t）；$W_{S出}$ 为出口站输沙量（t）。

冲淤比 η' 与输沙效率 η 之间存在如下关系：

$$\eta=1/(1-\eta') \tag{7.4.8}$$

在 η' 临界取0.1的情况下，由式（7.4.8）可知，$\eta_{临界}=1.11$，当 $\eta_1<1.11$ 时，取 $\alpha=1$；当 $\eta_1\geqslant1.11$ 时，取 $\alpha=0$。在 η' 临界取0.2的情况下，由式（7.4.8）可知，$\eta_{临界}=1.25$，当 $\eta_1<1.25$ 时，取 $\alpha=1$；当 $\eta_1\geqslant1.25$ 时，取 $\alpha=0$。

类似地，单位输沙水量以每吨泥沙所需输沙水量计，其计算表达式为：

$$q'=W'/Ws \tag{7.4.9}$$

式中：q' 为单位输沙水量（m^3/t），W' 为输沙水量（m^3），W_S 为输沙量（t）。与输沙水量计算方法对应，单位输沙水量的计算方法也分为输沙量法、含沙量法和冲淤比修正法。输沙量法中输沙效率 η 的计算公式还可进一步表示为：

$$\eta=W_{S进}/W_{S出}=\sum_{i=1}^{n}\left[(Q_{进i}\cdot S_{进i}\cdot t_i/(Q_{出i}\cdot S_{出i}\cdot t_i)\right] \tag{7.4.10}$$

式中：$W_{S进}$ 为进口站输沙量（t）；$W_{S出}$ 为出口站输沙量（t）；i 为时段单元序号；$Q_{进i}$ 和 $Q_{出i}$ 分别为进、出口流量（m^3/s）；$S_{进i}$ 和 $S_{出i}$ 分别为进出口含沙量（kg/m^3）；t_i 为第 i 个时段的历时（s）。

由辽河下游河道的水沙特性可以看出，辽河干流相近水文站年均径流量及相近水文站汛期平均径流量均较为相近，因此，在相同单元内应用输沙量法和含沙量法进行全年和汛期输沙水量时计算结果不会有较大差别，而汛期是输沙输水的主体。虽然辽河下游相近水文站非汛期平均流量存在一定差别，但流量与含沙量的变化一般也是同步的，因此输沙量法与含沙量法对各站非汛期的计算结果偏差也很小。这种特征与严军等（2004）在黄河下游研究结果也十分相似。由于冲淤比修正法放宽了对冲淤平衡条件的要求，$\eta'_{临界}>0$，a 是一个小于1的系数，因此，冲淤比修正法计算的输沙水量一般小于输沙量法和含沙量法的计算结果；当 $\eta'_{临界}=0$ 时，$a=1$，此时冲淤比修正法的计算结果与输沙量法计算结果完全相同。

根据福德店、通江口、铁岭、平安堡和六间房1988—2010年实测逐日水沙资料（流量、输沙量、含沙量等），首先计算各站不同时期净水量，之后分别采用输沙量法、含沙量法和冲淤比修正法按式（7.4.1）计算通江口、铁岭、平安堡、六间房4个站不同时期的输沙水量，从而分析变化规律。

研究结果与严军等（2004）在黄河流域研究结果在宏观规律上有很多相似之处，说明辽河干流水沙关系在很大程度上也具有多沙流域水沙关系特征。结果表明，1988—2010年辽河下游各站净水量与径流量相差很小，且变化规律一致，即：净水量呈沿程增加趋势，在非汛期这种增加幅度最小、全年增加幅度其次、增加幅度最大的是汛期，即各站非汛期净水量变化较小；各站汛期、非汛期及全年的净水量在1998年之后呈明显的逐年下降趋势；各站净水量占径流量的比例（$1-S/\gamma_S$）一般以非汛期最高、全年次之、汛期最低，汛期、非汛期和全年净水量占径流量的比例分别为96.81%、99.92%、99.83%。各站输沙水量与净水量之间存在着或多或少的差异，这正是由于输沙效率的不同，因此，输沙水量与净水量存在差别，输沙水量是净水量中用于输移泥沙那一部分，因此输沙水量一般小于净水量，当然在河道处于淤积或者平衡状态时，输沙水量等于净水量。

辽河下游主要水文站分时间段输沙水量统计结果如表7-5所示，从表中可以看出以下几点。

①通江口、铁岭、马虎山、平安堡、六间房水文站1988—2010年多年平均汛期输沙水量分别为$6.9\times10^8m^3$、$11\times10^8m^3$、$17.6\times10^8m^3$、$16.2\times10^8m^3$和$17.7\times10^8m^3$，非汛期输沙水量分别为$3\times10^8m^3$、$3.9\times10^8m^3$、$7.5\times10^8m^3$、$5.3\times10^8m^3$和$9\times10^8m^3$，年输沙水量分别为$9.9\times10^8m^3$、$14.9\times10^8m^3$、$25\times10^8m^3$、$21.4\times10^8m^3$和$26.7\times10^8m^3$。各水文站1988—2010年多年平均汛期输沙水量占径流量比重分别为74.3%、64%、95.2%、79.55%和84.2%，非汛期输沙水量占径流量比重分别为89.2%、58.5%、98.8%、69.86%和83.7%，全年输沙水量占径流量比重分别为78.22%、62.5%、96.3%、76.95%和93.6%。

②1988—2010年辽河下游各站汛期、非汛期、全年的输沙水量随时间呈现下降趋势，尤其是1996年之后，减小幅度较大，从分段输沙水量统计结果来看，2000年开始，2000—2005年及2006—2010年时段输沙水量较多年平均输沙水量相比相差甚远。

③辽河下游不同时间段输沙水量变化情况如下，福德店—马虎山段有增加趋势，马虎山—六间房段沿程变化趋势较小。其中，非汛期输沙水量沿程增加更为明显，全年输沙水量次之，汛期输沙水量沿程变化较小。

图7-12至图7-14分别为根据实测水沙资料得到的辽河下游各站汛期输沙水量与福德店站平均流量、平均含沙量及来沙系数的关系，从图中可以看出。

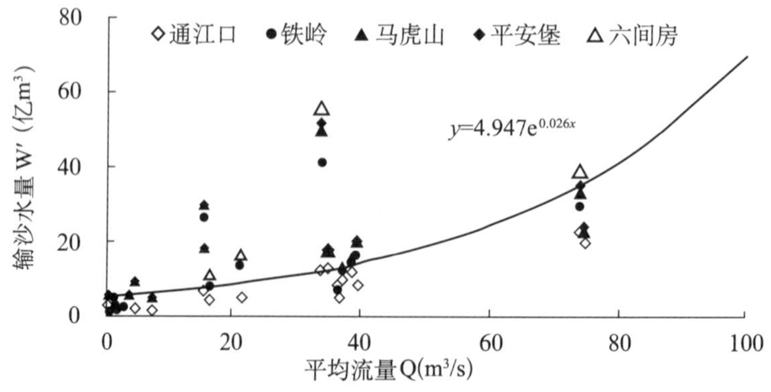

图7-12　1988—2010年辽河下游各站汛期输沙水量与福德店站平均流量关系

Fig. 7-12　Relationship between the water volume for sediment transport of the gauging stations of the lower reaches of Liaohe River and the average flow of Fude-dian station in flood season during 1988—2010

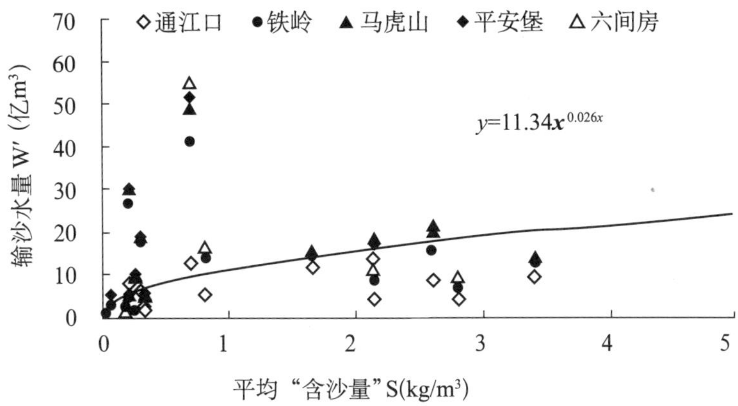

图7－13　1988—2010年辽河下游各站汛期输沙水量与福德店站平均“含沙量”关系

Fig. 7－13　Relationship between the water volume for sediment transport of the gauging stations of the lower reaches of Liaohe River and the mean sediment concentration at Fude-dian station in flood season during 1988—2010

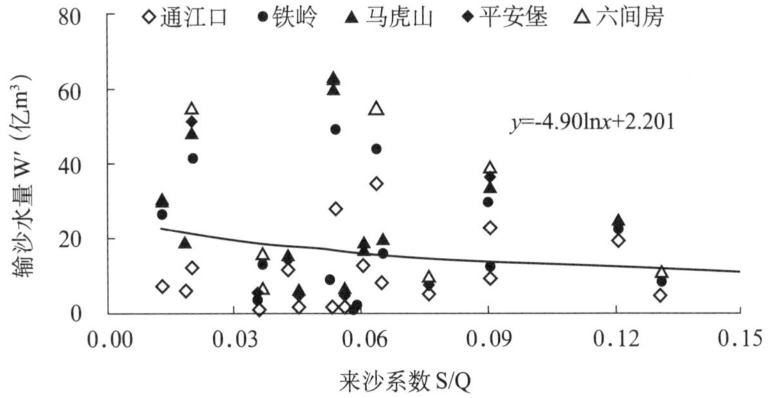

图7－14　1988—2010年辽河下游各站汛期输沙水量与福德店站来沙系数关系

Fig. 7－14　Relationship between the water volume for sediment transport of the gauging stations of the lower reaches of Liaohe River and the incoming sediment coefficient at Fude-dian station in flood season during 1988—2010

表 7－5 辽河下游主要水文站分时间段输沙水量(输沙量法)

Tab. 7－5 Every time period of the water volume for sediment transport of the gauging stations of the lower reaches of Liaohe River(Method of sediment load)

年份	W' 汛期(10^8m^3)					W' 非汛期(10^8m^3)					W' 全年(10^8m^3)				
	通江口	铁岭	马虎山	平安堡	六间房	通江口	铁岭	马虎山	平安堡	六间房	通江口	铁岭	马虎山	平安堡	六间房
1988—1993	10. 7	15. 7	19. 8	18. 7	20. 6	5. 5	7. 6	9. 8	7. 6	10. 2	16. 2	23. 3	29. 6	26. 3	30. 8
1994—1999	13. 6	22. 6	60. 4	61. 8	30. 4	3. 4	2. 5	14. 0	13. 6	14. 1	17. 0	25. 1	74. 3	75. 4	44. 5
2000—2005	0. 5	2. 7	6. 9	5. 4	7. 8	0. 2	1. 2	2. 2	0. 9	3. 3	0. 7	3. 8	9. 1	6. 3	11. 1
2006—2010	3. 5	3. 9	16. 9	14. 9	13. 2	1. 3	2. 2	8. 7	4. 9	5. 7	4. 8	6. 1	25. 6	19. 8	18. 9
1988—2010	6. 9	11. 0	17. 6	16. 2	17. 7	3. 0	3. 9	7. 5	5. 2	9. 0	9. 9	14. 9	25. 0	21. 4	26. 7

①各站汛期、非汛期、全年输沙水量与福德店站汛期平均流量呈指数关系。

②水文站输沙水量数值随含沙量增大而增大，随来沙系数的增大而减小。

③平均含沙量大于 $1kg/m^3$ 或者来沙系数大于 0.06 以后，各站汛期输沙水量较为稳定，约为 $10\times10^8m^3$。

图 7－12 至图 7－14 为各站汛期输沙水量与福德店站平均流量、平均含沙量及来沙系数的关系，分别可以用下式进行表达：

$$w=4.947e^{0.026Q} \tag{7.4.11}$$

$$w=11.34s^{0.465} \tag{7.4.12}$$

$$w=-4.9\ln S/Q+2.201 \tag{7.4.13}$$

式中：W' 为各站汛期输沙水量（10^8m^3）；Q 为福德店站汛期平均流量（m^3/s）；S 为福德店站汛期平均含沙量（kg/m^3）；S/Q 为福德店站汛期来沙系数。

通江口、铁岭、马虎山平安堡和六间房站 1988—2010 年多年平均单位净水量，汛期分别为 1 780.7m^3/t、2 098.8m^3/t、2 183m^3/t、1 534.1m^3/t 和 1 563.4m^3/t，非汛期分别为 6 653.9m^3/t、4 581.5m^3/t、6 154.6m^3/t、1 801.4m^3/t 和 3 130m^3/t，全年分别为 1 242.8m^3/t、2 274.9m^3/t、2 740.4m^3/t、1 325.7m^3/t 和 1 541.5m^3/t；各站汛期、非汛期及全年的单位净水量与其对应时期平均含沙量变化规律相对应，一般以汛期最低、全年次之、非汛期最高，其逐年变化未表现明显的增减趋势。

表 7－6 为输沙量法计算的辽河下游主要水文站分时间段单位输沙水量统计结果。

①通江口、铁岭、马虎山平安堡和六间房水文站 1988—2010 年多年平均汛期单位输沙水量分别为 935.5m^3/t、776.4m^3/t、1 870.6m^3/t、1 001.5m^3/t 和 1 099.1m^3/t，非汛期输沙水量分别为 2 970.6m^3/t、1 984.2m^3/t、5 140.8m^3/t、907.7m^3/t 和2 830.7m^3/t，单位年输沙水量分别为 772.1m^3/t、899.9m^3/t、2 551.5m^3/t、809.5m^3/t 和 1 310.9m^3/t。各水文站 1988—2010 年多年单位平均汛期输沙水量占单位净水量比重分别为 52.53%、36.99%、85.69%、65.28% 和 70.3%，非汛期分别为 44.64%、43.31%、83.53%、50.39% 和 90.44%，全年分别为 62.12%、39.56%、93.11%、61.06% 和 85.04%。

②1988—2010 年辽河下游各站汛期、非汛期、全年的单位输沙水量随时间呈现增大的趋势，尤其是 2002 年之后增加幅度更明显。

③辽河下游不同时间段单位输沙水量沿程变化较小，汛期、非汛期和全年单位输沙水量均呈现微弱增大趋势，其中，马虎山站单位输沙水量变化较大，表明辽河下游地区河道输沙能力较强。

图 7－15 至图 7－17 分别为根据实测水沙资料得到的辽河下游各站汛期单位输沙水量与福德店站平均流量、平均含沙量及来沙系数的关系，从图中可以看出以下几点。

①通江口、铁岭、马虎山平安堡和六间房各站汛期、非汛期、全年单位输沙水量与福德店站汛期平均流量呈对数关系；输沙水量随着平均流量和来沙系数的增大而减小，随着含沙量的增大而增大。且单位输沙水量来沙系数的增大减小的趋势最为明显。

② 福德店站汛期平均含沙量小于 $4kg/m^3$ 或者来沙系数小于 0.15 时，水文站单位输

沙水量取值范围更小，点群更集中。

③福德店平均含沙量大于40kg/m³时各站汛期输沙水量较为稳定，数值约为450m³/t。

图7－15至图7－17为各站汛期单位输沙水量与福德店站平均流量、平均含沙量及来沙系数的关系，分别可以用下式进行表达：

$$q' = -189\ln Q + 1025 \tag{7.4.14}$$

$$q' = 6.428e^{0.261x} \tag{7.4.15}$$

$$q' = -5.82\ln S/Q + 2.927 \tag{7.4.16}$$

式中：q'为各站汛期输沙水量（m³/t）；Q为福德店站汛期平均流量（m³/s）；S为福德店站汛期平均含沙量（kg/m³）；S/Q为福德店站汛期来沙系数。

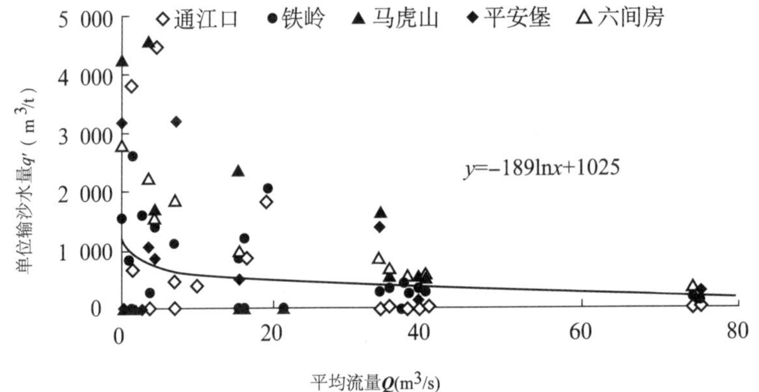

图7－15 1988—2010年辽河下游各站汛期单位输沙水量与福德店站平均流量关系

Fig. 7－15 Relationship between the unit water volume for sediment transport of the gauging stations of the lower reaches of Liaohe River and the average flow of Fude-dian station in flood season during 1988—2010

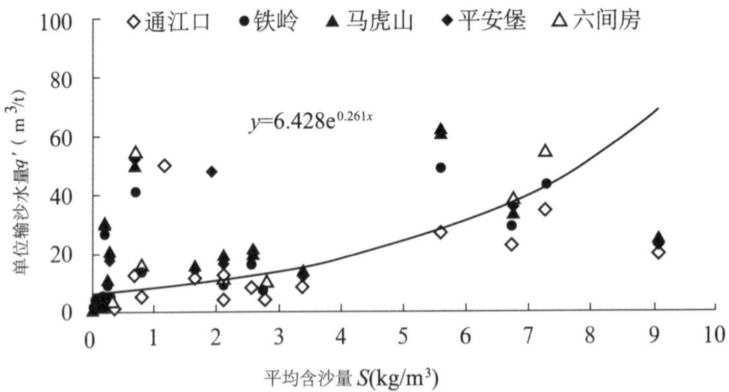

图7－16 1988—2010年辽河下游各水文站汛期单位输沙水量与福德店站平均含沙量关系

Fig. 7－16 Relationship between the unit water volume for sediment transport of the gauging stations of the lower reaches of Liaohe River and the mean sediment concentration at Fude-dian station in flood season during 1988—2010

表 7-6 辽河下游主要水文站分时间段单位输沙水量(输沙量法)

Tab. 7-6 Every time period of the unit water volume for sediment transport of the gauging stations of the lower reaches of Liaohe River(Method of sediment load)

年份	q' 汛期(m^3/t)					q' 非汛期(m^3/t)					q' 全年(m^3/t)				
	通江口	铁岭	马虎山	平安堡	六间房	通江口	铁岭	马虎山	平安堡	六间房	通江口	铁岭	马虎山	平安堡	六间房
1988—1993	199	239	400	310	479	902	784	1 503	420	1 172	201	334	506	374	496
1994—1999	382	636	2 003	1 127	710	534	554	735	1 053	2 088	373	516	351	477	766
2000—2005	1 386	1 626	1 714	851	1 566	6 326	6 005	11 736	690	10 209	629	1 592	3 899	510	2 271
2006—2010	1 902	825	3 666	1 861	1 750	4 718	1 066	6 868	1 580	1 869	2 029	1 132	4 368	1 637	1 630
1988—2010	935	776	1 871	1 002	1 099	2 971	1 984	5 141	908	2 831	772	900	2 551	810	1 311

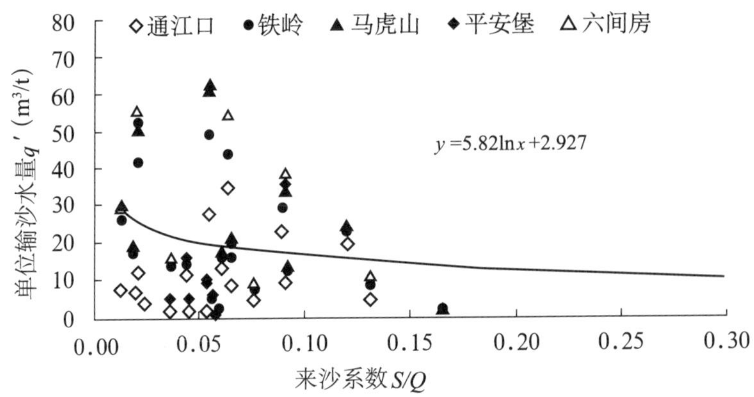

图 7-17　1988—2010 年辽河下游各站汛期单位输沙水量与福德店站来沙系数关系

Fig. 7-17　Relationship between the unit water volume for sediment transport of the gauging stations of the lower reaches of Liaohe River and the incoming sediment coefficient at Fude-dian station in flood season during 1988—2010

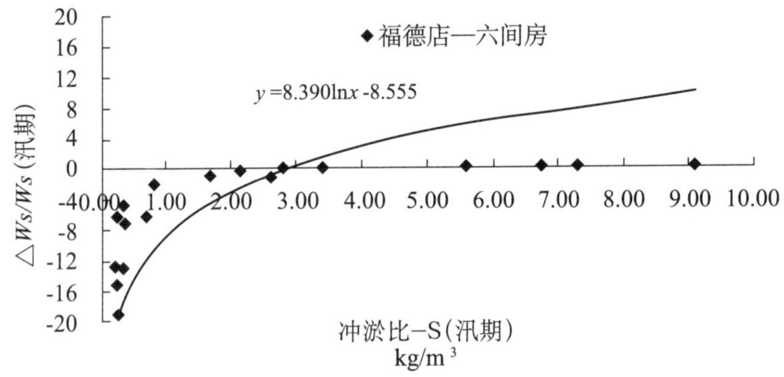

图 7-18　1988—2010 年辽河下游河道汛期冲淤比与福德店站平均含沙量关系

Fig. 7-18　Relationship between the ratio between the enlarged and the scoured away marsh1ands of the gauging stations of the lower reaches of Liaohe River and the mean sediment concentration at Fude-dian station in flood season during 1988—2010

图 7-18 为根据实测资料点绘的 1988—2010 年辽河下游河道（福德店—六间房河段）汛期冲淤比与福德店站平均含沙量关系，可以用下式表达：$\triangle Ws/Ws$ 为福德店—六间房河段汛期冲淤比（%），S 为福德店站汛期平均含沙量（kg/m^3）。同样方法，也可以由分析得到辽河下游河道不同时段（1988—1999、2000—2010 年）辽河下游河道汛期冲淤比与福德店站平均含沙量的关系，根据这些关系可以计算得到辽河下游不同时段及 1988—2010 年辽河下游河道汛期冲淤平衡时（冲淤比为 20%）福德店站的平均含沙量分别为 6.03kg/m^3、0.46kg/m^3 和 2.72kg/m^3。由 1988—2010 年辽河下游河道实测水沙资料分析得到的不同时期辽河下游河道汛期冲淤平衡时福德店站汛期平均含沙量范围为 0.46～6.03kg/m^3。可根据此范围由单位输沙水量与含沙量关系计算下游河道单位输沙水量，下游河道单位输沙水量的范围为 7.23～30.15m^3/t。

7.5 辽河干流不同粒径泥沙对泥沙冲淤影响

流域产沙区泥沙的粒径不同，也会对下游河道泥沙沉积及流域产沙有不同的贡献。一般来讲，粗颗粒泥沙将对流域下游河道泥沙沉积贡献较大，细颗粒泥沙将对流域产沙贡献较大（巩琼，2007）。下面通过对流域悬移质泥沙不同粒径组的沙量平衡计算来分析不同粒径组来沙在河道各段泥沙沉积情况及流域产沙间的关系。因为福德店、巨流河、六间房、新民（柳河）水文站未进行断面平均泥沙颗粒分析，这里应用通江口、铁岭、彰武（柳河）、平安堡、辽中5个水文站1989—2007年的观测资料进行计算，如图7-19所示。

以上分析计算可见（图7-19），从上游不同流域不同粒径组来沙总量上来看，通江口站产沙在<0.007mm与0.05mm~0.10mm粒径组泥沙量是最高的，铁岭站产沙量在0.025~0.05mm、0.1~0.25mm及0.25~0.5mm粒径组泥沙量最高，而0.007~0.01mm和0.01~0.025mm间的粒径组泥沙产沙量分别在平安堡站和马虎山站最高；从不同泥沙粒径组在河段各段的冲淤情况来看，<0.01mm泥沙粒径组在通江口—铁岭段多为淤积而0.01~0.5mm的泥沙粒径组在这一段多为冲刷，在辽河干流上游这一段主要以冲刷为主。铁岭—马虎山这一河段冲刷集中在<0.025mm泥沙粒径组，冲刷量为31×10^4t，0.025~0.5mm的泥沙粒径组在这一段为淤积状态且0.025~0.05mm粒径组泥沙在这一段淤积量最大，全沙在该段淤积量为109.47×10^4t。全沙产沙量最多的河段为马虎山—平安堡段，产沙量为264.13×10^4t，该断汇集了下游支流柳河，这一河段产量集中在<0.007mm和0.01~0.10mm粒径组，共产沙233.6×10^4t，约占总淤积量的88%，其中，0.025~0.05mm和0.5~0.10 mm粒径组分别产沙66.72×10^4t与68.16×10^4t，0.25~0.5mm粒径组基本处于冲淤平衡状态。平安堡—辽中段以淤积为主，0.25~0.5mm粒径组泥沙有微量冲刷，淤积集中在0.01~0.1mm泥沙粒径组，占全沙淤积量的83%，全沙淤积量为92.57×10^4t。从整个辽河干流上来看，在上游通江口站悬移质颗粒集中在0.01~0.1mm，到下游辽中站，0.01~0.05mm的粒径组泥沙居多，且0.01~0.05mm粒径组泥沙在通江口站为308.25×10^4t，到了下游辽中站下降到238.16×10^4t，多年平均d_{50}由0.0397mm减小至0.0365mm，这些数据均可表明，河道中悬移质泥沙在不断细化。<0.01mm与0.01~0.025mm泥沙粒径组淤积量分别为泥沙沉积的12.78%和12.51%，0.007~0.01mm和0.25~0.5mm粒径组泥沙冲淤处于平衡状态，0.025~0.05mm和0.05~0.1mm泥沙粒径组对泥沙沉积贡献最大，达到河段淤积量的一半以上，因此，0.025~0.1mm泥沙粒径组是下游河道泥沙沉积的主要成分。

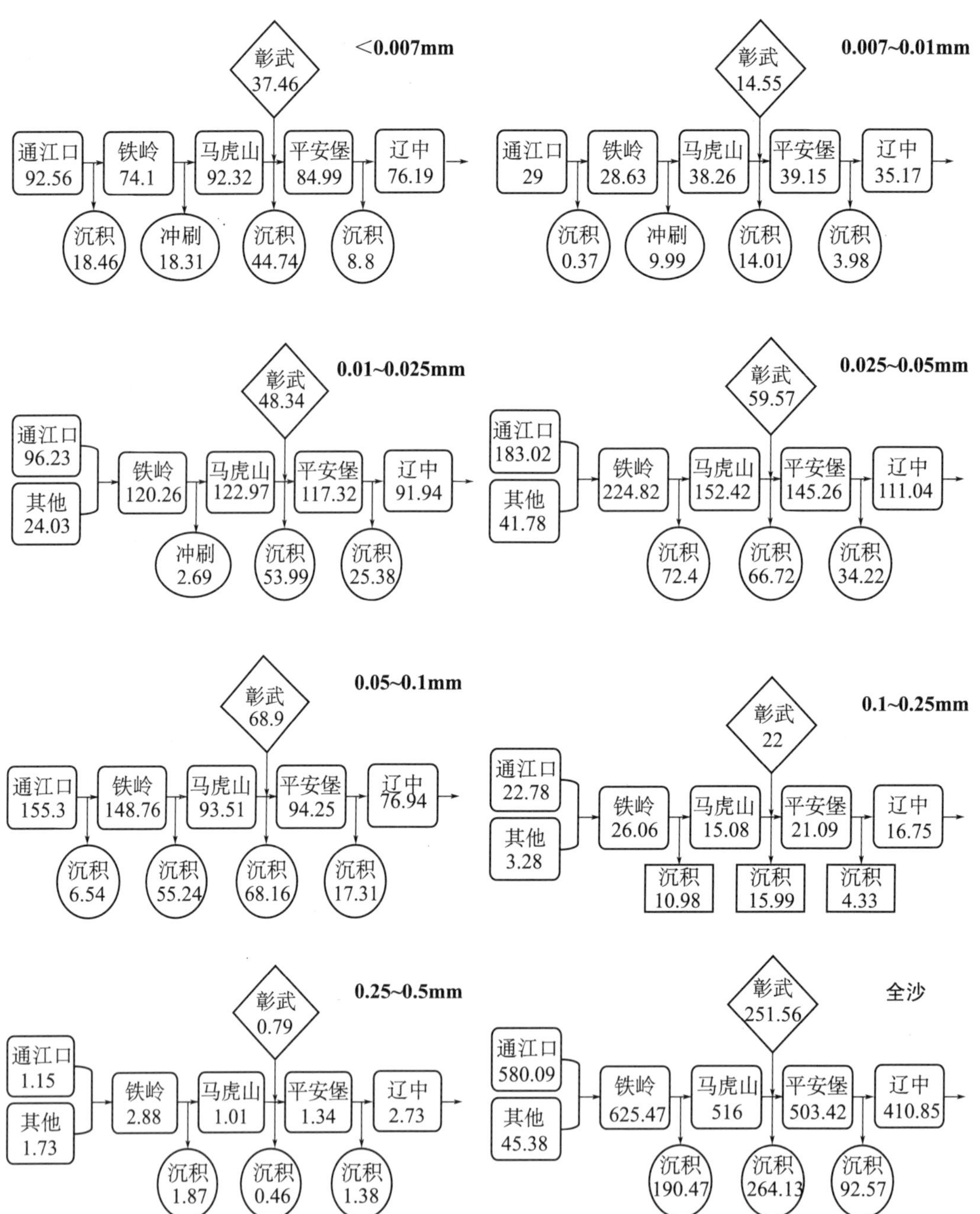

图 7－19　辽河下游各粒径组泥沙沙量平衡（单位：10^4t）

Fig. 7－19　The sediment budget of the sediment of various sizegroups in the lower reaches of Liaohe River（Unit：10^4t）

7.6 不同粒径组泥沙对输沙水量影响

当河流出现淤积情况时，河道中的净水量全部用于泥沙输移，此时输沙水量等于净水量。但不同粒径泥沙对输沙水量的影响可能存在差异，因此本小节根据已有资料，对辽河下游水文测站辽中站悬移颗粒泥沙级配及输沙水量进行分析，讨论不同粒径组泥沙对输沙水量影响。由图 7-20 可以看出：0.025mm 是输沙水量随泥沙组粒径所占比重变化的转折点，<0.025mm 粒径组泥沙输沙水量随泥沙比重的增大而增加，其中，0.007~0.01mm与0.01~0.025mm 粒径组泥沙变化趋势更明显，0.007~0.01mm 粒径组泥沙呈直线上升趋势，但是所占泥沙比重较小，多小于 10%，0.01~0.025mm 粒径的泥沙占比重多处于 20%~30%，<0.007mm 粒径组泥沙在全沙中比例为 18.54%，是泥沙中是主要组成成分，但是，其变化趋势远小于 0.01~0.025mm 粒径组泥沙。相反，>0.025mm粒径组泥沙输沙水量随泥沙比重的增大而减小，且减小幅度 0.25~0.5mm<0.025~0.05mm< 0.05~0.1mm< 0.1~0.25mm，各粒径组泥沙所占比重 0.025~0.05mm> 0.05~0.1mm> 0.1~0.25mm>0.25~0.5mm，0.25~0.5mm 的粒径组泥沙多小于全沙的 2%，对输沙水量影响不大。综合以上，对输沙水量影响较大的粒径组，主要集中在 0.01~0.1mm 泥沙，此区间泥沙占到了全沙的 68.13%，当泥沙粒径>0.025mm 时，输沙水量开始出现减小趋势。0.007~0.01mm、0.1~0.25mm、0.25~0.5mm 粒径组泥沙变化趋势也很明显，但是，所占全沙比重较小，3 组粒径组泥沙总共占全沙比重的 13.33%，因此，其变化对输沙水量影响不及 0.01~0.1mm 粒径组泥沙。

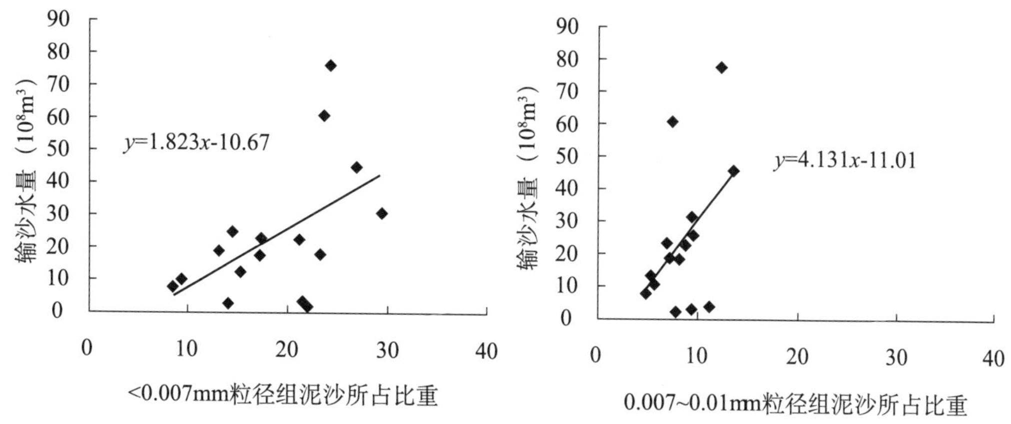

图 7-20 不同粒径组泥沙与输沙水量关系（一）

Fig. 7-20 Relationship between the sediment of various size groups and the water demand for channel sediment transport

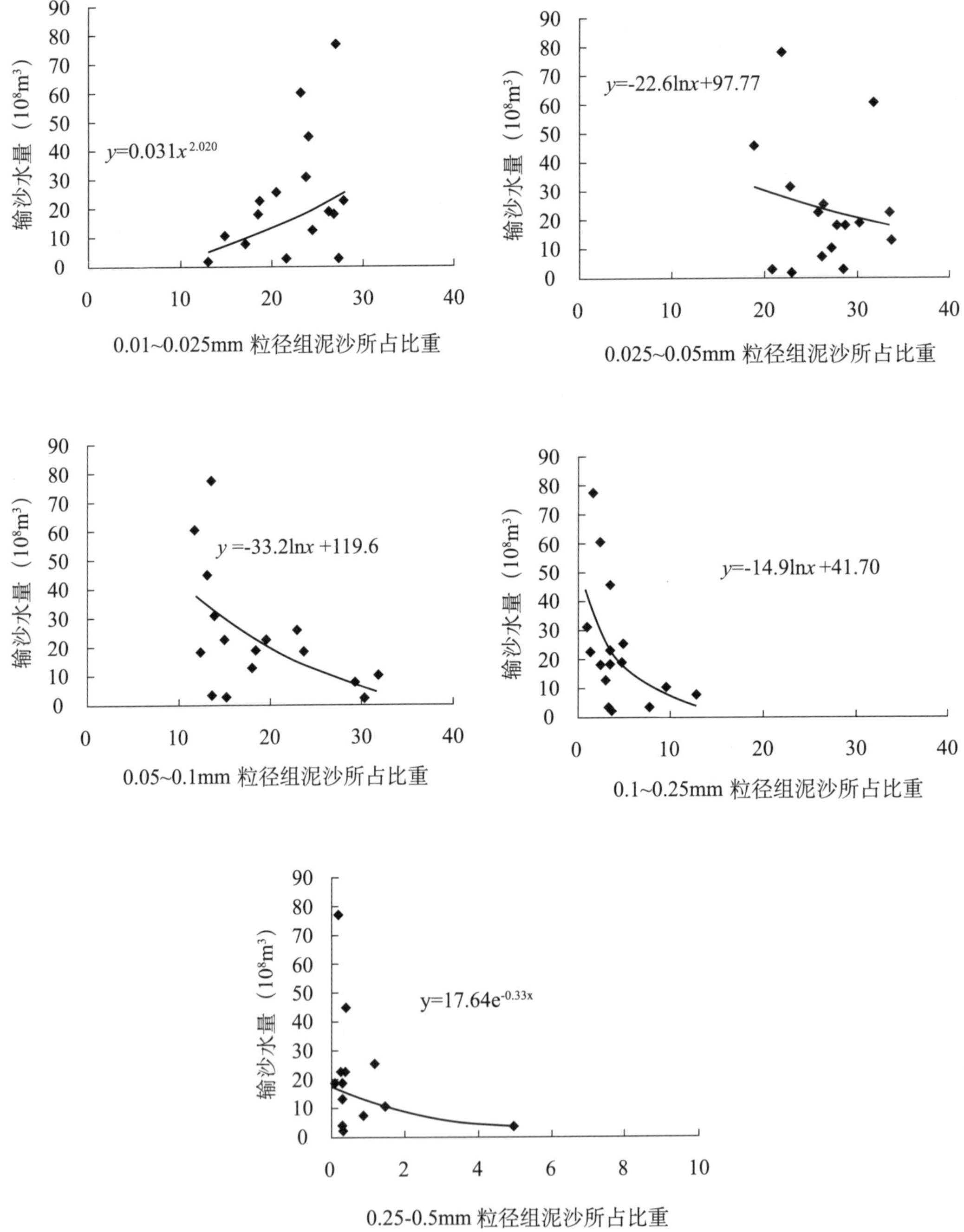

图 7-20　不同粒径组泥沙与输沙水量的关系（二）

Fig. 7-20　Relationship between the sediment of various size groups and the water demand for channel sediment transport

7.7 冲淤量与输沙水量关系

利用有关各站的输沙量和径流量资料，由输沙水量和输沙效率相关知识按相应公式计算出铁岭、马虎山、平安堡、辽中4个水文站的输沙量，共得到4组资料。同时，按粒径组求出上述4个组别的输沙水量，建立4个组别的年冲淤量与该组的输沙水量的关系，确定可能存在的临界点。

本文重点研究的是辽河干流1989—2007年19年间的水沙变化，因各测站水量与沙量在1989—1999年11年间无明显的变化，但2000—2007年水量与沙量明显减少，经综合分析，划分为两段，以利于分析其水沙的年际变化。

铁岭、马虎山以及将右侧支流柳河汇入辽河流域之后的平安堡、辽中4个水文站各水文站年输沙水量分别为$16.41\times10^8m^3$、$22.19\times10^8m^3$、$37.13\times10^8m^3$、$23.03\times10^8m^3$。

表7-7 柳河汇入后辽河干流各水文站输沙水量（单位：10^8m^3）

Tab.7-7 The water demand for channel sediment transport of the main stations in the main stream of Liaohe River after Liuhe River import

年份	年输沙水量（10^8m^3）			
	铁岭	马虎山	平安堡	辽中
1989—1999	25.76	36.57	50.02	34.02
2000—2007	3.56	9.86	19.41	7.34
1989—2007	16.41	22.19	37.13	23.03

图7-21分别点绘了4个水文站年冲淤量与该组的输沙水量的关系。同时，还给出了线性拟合的回归方程和相关系数的平方值。统计分析的结果已列入表7-7，以资比较。各图中线性拟合的公式为：

$$Dep = aQ - b \tag{7.7.1}$$

式中：Dep为冲淤量；Q为输沙水量；a，b为正值常数。

对上式两端微分后可得：

$$dDep/dQ = a \tag{7.7.2}$$

这表示，回归方程的系数a可以表示单位输沙水量输移的泥沙，即每立方米输沙水量运移的泥沙。

从图7-21中还看到，每一条回归直线与直线$Dep=0$均有一个交点，与该交点对应的输沙水量，使得泥沙冲淤量为0。该交点可视为冲淤临界点，与之对应的输沙水量为临界输沙水量。当输沙水量大于临界输沙水量时，河道表现为冲刷，即泥沙存贮减少；当输沙水量小于临界输沙水量时，河道表现为淤积，即泥沙存贮增加。令式（7.7.3）左端为0，解之可得到与泥沙存贮—释放临界点对应的输入沙量为：

$$Q = b/a \tag{7.7.3}$$

运用以上方法求得了每吨来沙的淤积量以及与临界输沙水量（不冲不淤的输沙水量临界值），并列入表7-8。

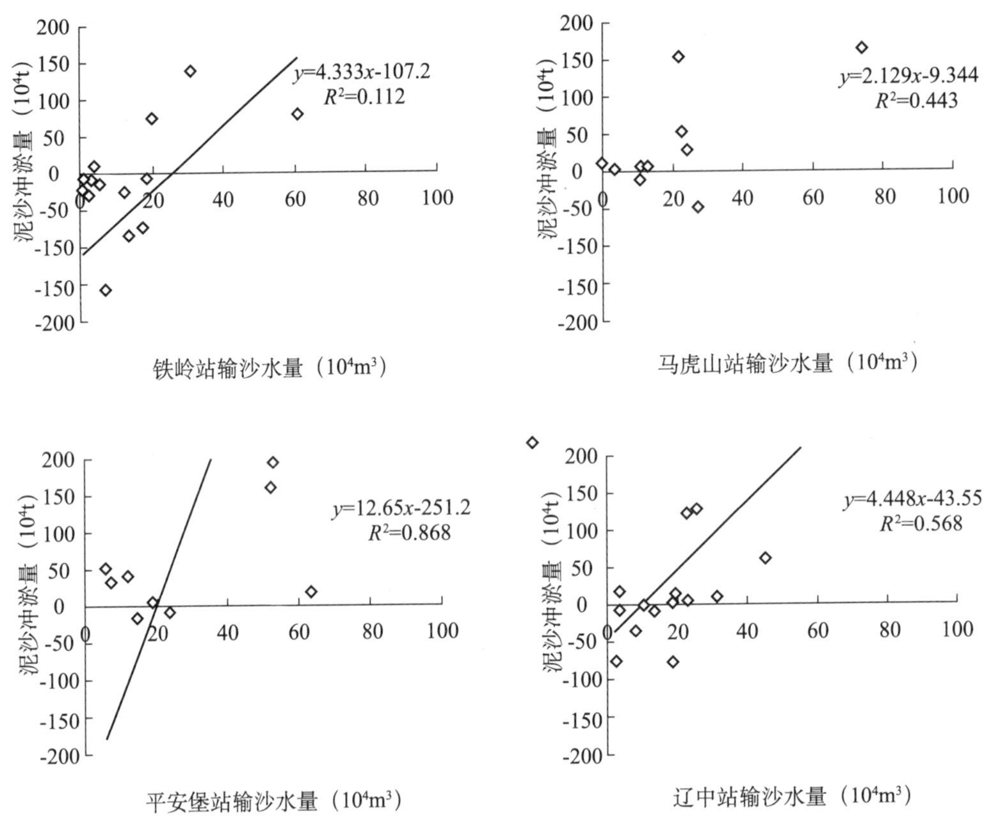

图 7-21　各水文站输沙水量与泥沙冲淤量的关系

Fig. 7-21　Relationship between the water demand for channel sediment transport and the accumulative deposition and erosion of the main stations

表 7-8　各水文站年冲淤量（y）与该组输沙水量（x）关系分析

Tab. 7-8　The relationships of statistical analysis between the annual accumulative deposition and erosion（y）of the main stations and sediment input（x）of corresponding group

项目	回归方程	相关系数平方值 R^2	不冲不淤的输沙水量临界值（10^8m^3）	单位输沙水量输沙量（10^4t）
铁岭	$y=4.333x-107.2$	0.112	24.74	4.333
马虎山	$y=2.129x-9.344$	0.443	4.39	2.129
平安堡	$y=12.65x-251.2$	0.868	19.86	12.65
辽中	$y=4.448x-43.55$	0.568	9.79	4.448

本章小结

本章通过应用含沙量法、河道水沙资料法、净水量法和能量法 4 种方法对辽河干流输沙水量进行了分析与计算，研究结果表明以下几点。

应用含沙量法进行计算时，直接从河流输沙水量的概念出发，认为最小输沙水量应该是输沙效率与河道淤积状况综合最优时的输沙水量，即为平滩流量时为最优输沙水量，进而推导出在考虑了河道冲淤、引水、引沙情况下河流最小输沙水量的计算关系式。以靠近流域出口处六间房水文站数据对辽河下游最小输沙水量进行了估算，得到辽河下游在维持良好输沙功能前提下的最小输沙水量约为 90 ~400m^3/t。

应用输沙水量水沙资料分析法考虑上下游之间水沙关系问题。对辽河干流福德店数据分析显示，汛期输沙水量占全年输沙水量的60% ~80%，最大输沙水量 19.6m^3/t，最小为4.07 m^3/t，输沙水量变化较大。当来水含沙量大于6.0025kg/m^3时，随含沙量增大，其减小幅度较小，河道淤积。当来水含沙量小于1.489kg/m^3时，随含沙量减少，输沙水量增加明显，消耗水量较大。非汛期的输沙水量主要受来水量的影响，来水量大，冲刷量大，输沙水量小；来水量小，冲刷量小，输沙水量大。从1988—2010 年洪水中挑选出高效输沙洪峰进行分析，洪峰流量平均不大于2 470m^3/s，同时不发生大漫滩，平均含沙量0.493 ~0.770kg/m^3，输沙效率较高。

应用能量平衡法，综合考虑辽河干流河床边界、输沙水量等问题，从河流塑槽输沙需水量的观点出发，对辽河干流输沙水量进行了研究。确定了辽河下游塑槽输沙需水量计算公式及公式中的计算系数。探讨了以进入辽河下游平安堡、辽中和六间房3站的总水量、总输沙量为输入条件，将总水量、总输沙量与马虎山站的平滩流量建立联系，由此建立辽河了下游河道塑槽输沙需水量的计算方法。基于平安堡、辽中和六间房3站水沙条件，以马虎山站平滩流量为代表，得到了辽河下游全河段维持一定主槽规模的塑槽输沙需水量的计算公式。将平滩流量2 000m^3/s以上作为辽河下游主槽横断面恢复目标，明确了辽河下游塑槽输沙需水量与来沙量的关系，为输沙水量的选择确定了范围。

应用净水量法对辽河干流输沙水量研究结果表明：①通江口、铁岭、马虎山、平安堡和六间房水文站1988—2010 年多年平均汛期单位输沙水量分别为935.5m^3/t、776.4m^3/t、1 870.6 m^3/t、1 001.5m^3/t 和 1 099.1m^3/t，非汛期输沙水量分别为2 970.6m^3/t、1 984.2m^3/t、5 140.8m^3/t、907.7m^3/t 和 2 830.7m^3/t，单位年输沙水量分别为 772.1m^3/t、899.9m^3/t、2 551.5m^3/t、809.5m^3/t 和 1 310.9m^3/t；②1988—2010 年辽河下游各站汛期、非汛期、全年的单位输沙水量随时间呈现增大的趋势，尤其是2002 年之后增加幅度更明显；③辽河下游不同时间段单位输沙水量沿程变化较小，汛期、非汛期和全年单位输沙水量均呈现微弱增大趋势；④各站汛期、非汛期、全年单位输沙水量与福德店站汛期平均流量呈对数关系；输沙水量随着平均流量和来沙系数的增大而减小，随着含沙量的增大而增大；⑤福德店站汛期平均含沙量小于4 kg/m^3或者来沙系数小于0.15 时，单位输沙水量取值范围更小，点群更集中。平均含沙量大于40kg/m^3时各站汛期输沙水量较为稳定，数值约为450m^3/t。

对泥沙颗粒分析表明，<0.01mm 与0.01 ~0.025mm 泥沙粒径组淤积量分别为泥沙沉积的12.78%和12.51%，0.007 ~0.01mm 和0.25 ~0.5mm 粒径组泥沙处于冲淤平衡状态，0.025 ~0.05mm 和0.05 ~0.1mm 泥沙粒径组对泥沙沉积贡献最大，达到河段淤积量的一半以上，因此，0.025 ~0.1mm 泥沙粒径组是下游河道泥沙沉积的主要成分。

对输沙水量影响较大的粒径组，主要集中在0. 01 ~0. 1mm 泥沙，此区间泥沙占到了全沙的68. 13%，当泥沙粒径 >0. 025mm 时，输沙水量开始出现减小趋势。0. 007 ~0. 01mm、0. 1 ~0. 25mm、0. 25 ~0. 5mm 粒径组泥沙变化趋势也很明显，但是，所占全沙比重较小，3 组粒径组泥沙总共占全沙比重的 13. 33%，因此，变化对输沙水量影响不及 0. 01 ~0. 1mm 粒径组泥沙。最后计算了 5 个水文站河段来沙所需输沙水量。

8 辽河干流输沙用水综合调控分析

8.1 充分利用冬三月水量

本研究发现，辽河干流非汛期虽然径流量较小，但径流携带泥沙粒径相对于汛期较粗，原因为非汛期流域上游土壤侵蚀量小，清水挟沙能力较强，所携带泥沙多为沉积在河道内的粗颗粒泥沙。而冬季辽河下游输沙水量急剧增加，这部分水量的输沙任务是很少的，如能得以充分利用，对减轻局部河段淤积十分有利。

8.2 充分利用平滩流量

本研究发现，当发生河流平滩流量时径流具有较高输沙效率。辽河下游各河段河槽形态差异较大，输沙特性也各有不同。辽河干流河道的输沙水量与河道输水输沙特点和河槽形态关系密切，当水流漫滩时，河道滩地一般会发生淤积，河道需要较大的输沙水量，而当上游与支流来水流量接近于河道平滩流量时，径流输沙能力较大，河道输沙效率较高，所需要的输沙水量也比较小。因此，在进行水沙配置时需要对河流平滩流量引起足够的重视。如果通过河道整治，使河床形态较为归顺，则输沙能力将可提高，输沙水量就可以大大减小。

8.3 充分利用不同粒径泥沙输沙特点

本研究发现，不同粒径泥沙在不同河段沉积量有所区别，宏观趋势为自辽河干流上游段至下游段悬移质泥沙逐渐变细。0.025 ~0.05mm 和 0.05 ~0.1mm 泥沙粒径组对泥沙沉积贡献最大，达到河段淤积量的一半以上，因此，0.025 ~0.1mm 泥沙粒径组是下游河道泥沙沉积的主要成分。对输沙水量影响较大的粒径组，主要集中在 0.01 ~0.1mm 泥沙，此区间泥沙占到了全沙的 68.13%，当泥沙粒径 > 0.025mm 时，输沙水量开始出现减小趋势。因此，利用不同粒径泥沙沉积特点，可人为调控水量，使不同粒径泥沙在悬移质、推移质与床沙质之间转换，达到控制不同粒径泥沙输移位置与输移量的目的。

8.4 全流域水利枢纽综合调水调沙

根据对辽河干流水沙关系分析，当径流含沙量大于150kg/m^{3}以后，随着含沙量的增大，河道淤积比增加，输沙水量减少幅度比较小，但当含沙量小于40kg/m^{3}以后，河道还可能发生冲刷，但此时输沙水量消耗很大，在水资源紧缺的情况下，此部分径流未发挥其足够用途。因此，需要充分利用河道的输沙能力，节约输沙水量，又不至于过多地增加淤积，本研究高效输沙洪峰条件的分析为水库调水调沙提供了依据。可以尝试通过辽河干流水利枢纽石佛寺水库、支流柴河水库、清河水库、闹得海水库等综合调度，在综合考虑水库防洪、需水、灌溉等用途满足的条件下，兼顾高效输沙水量的人为调控，将对辽河干流泥沙沉积问题的解决起到重要的主动调节作用。总之，在现状条件下输沙水量很难节约，但从辽河下游输沙规律的研究来看，只要采取有效措施，采取全流域综合协调调度，节约输沙水量的潜力是很大的。

9 结　论

9.1　主要结论

辽河流域有其独特的水、沙、人文环境及水、沙输移特点，目前，由水土流失、水资源不合理利用带来的危害较大，已经严重威胁到了辽河流域工农业生产的可持续发展。尤其是辽河干流水资源匮乏与河道泥沙淤积等问题并存，更使辽河干流生态环境遭受严重破坏。然而，目前对辽河干流水沙关系、输沙水量等规律尚不十分清晰，以往关于辽河干流输沙水量的研究也较少且不够深入，理论基础的缺乏严重制约了辽河干流水资源管理等工作科学、有效地进行。本研究在充分了解辽河干流自然与人文环境的基础上，深入分析了辽河干流水沙关系与输沙水量问题，得到的主要结论如下。

9.1.1　辽河干流水沙环境与河道发展趋势分析

分析了辽河流域自然地理与人文环境条件，明晰了辽河流域自然地理条件有利于河流泥沙的产生，明确了流域内主要人文特征，明确了河流不同河段特点。调查分析了辽河干流河道堤防、流域内水库及其他拦河枢纽工程的情况。分析了辽河干流河道历史演变过程，研究结果表明：福德店—清河口河段近期在水平方向上蜿蜒曲折程度不断加剧，河长不断增加。在未来一定时期内其蜿蜒曲折程度将继续增加。在纵向上自上游红山水库修建后该河段处于冲刷状态，在未来一定时期内，纵向仍将继续表现为冲刷，河床将持续下切；清河口—柳河口在水平方向近年来一直保持基本稳定，在未来一定时期不遇大洪水情况下其稳定状态可持续保持。在纵向上秀水河口以上近年来发生河道下切，在未来一定时期内其下切趋势将减缓，逐步保持稳定状态。秀水河口以下近年来有一定淤积，部分河段下切为挖沙所致，未来一定时期内遇枯水期时河道将持续偏淤；柳河口—盘山闸在水平方向，柳河口—卡力马段河道游荡，卡力马—盘山闸河道较稳定，在未来一定时期内这种趋势将持续保持。纵向上该河段基本保持持续淤积状态，未来一定时期内持续淤积状态不会改变。

9.1.2　辽河流域水沙特点与水沙关系分析

辽河径流的丰枯变化较大，径流量的年内分配极不均匀，从水沙分布来看，东侧支流来水量占59.7%，是辽河中、下游径流量的主要来源；西侧支流悬移质输沙量占

86.4%，是辽河干流泥沙的主要来源，有“东水西沙”的分布特点。辽河沙量的年内分配比水量更为集中，汛期的水量占全年的60%～75%，而沙量则占85.2%～90.6%，其中，7月、8月占全年沙量的66%～71.1%。辽河干流年径流量与输沙量具有明显的指数相关关系，径流量是影响输沙量的主要因素。干流中游的水沙相关性好于下游。影响辽河干流径流、泥沙的因素主要有降雨和人类活动两个方面。降雨因素中尤其以暴雨产生径流对泥沙产生影响最为显著。人类活动对流域径流泥沙影响可分为两个方面，一方面是人类不合理活动对泥沙产生的影响，另一方面是人类控制泥沙的积极因素。

9.1.3 辽河干流泥沙颗粒特征分析

辽河干流悬移质泥沙各粒径级配分布从沿河段变化来看，河流上游泥沙颗粒级配大的泥沙占总沙重的百分数较大，表现出上游颗粒级配较下游颗粒级配要大。其中，铁岭站河段级配最粗。辽河下游辽中站河段级配最细，小粒径级配所占泥沙总重百分比大。从泥沙颗粒年内变化来看，越接近年内丰水期河道悬移质泥沙粒径级配越趋向于细小的规律。辽河干流不同河段床沙颗粒粗细分布基本与悬移质粗细分布河段相一致。辽河干流泥沙呈现出由上游较粗泥沙到最粗泥沙河段，之后逐渐细化，至河口段呈现细沙与淤泥混合状态。在时间分布上，因为河道悬移质泥沙组成在丰水期由坡面侵蚀相对较细颗粒泥沙所占比例较大，而在枯水期由河道沉积泥沙再搬运所带来的相对较粗颗粒泥沙比例较大，所以，丰水期悬移质泥沙粒径一般小于枯水期泥沙粒径。

9.1.4 辽河干流滩地沉积泥沙风蚀起动研究

对于干沙而言，当粒径小于0.1mm时，起沙风速随粒径的增大而减小，当粒径大于0.1mm时，起沙风速随粒径的增大而增大。起沙风速最小值对应的临界粒径为0.1mm。

起沙风速随泥沙含水率的增大而增大，当含水率低于2%时，起沙风速随含水率的增大而迅速增大，当含水率高于2%时，增大趋势相对变缓。通过方差分析和线性回归分析，得到起沙风速（V）与粒径（D）和含水率（M）的线性回归方程 $V=171.875M+4.176D+3.218$，$r=0.948$。

当沙粒粒径小于0.50mm时，风蚀量随风速的变化存在突然增大的转折点，对应的转折风速为8m/s。当风速超过8m/s后，风蚀量随风速的增大而突然急剧增加。当粒径大于0.50mm时，风蚀量随风速的变化不明显。风蚀量随沙粒粒径的增大减小，粒径在0.05～0.50mm范围的沙粒更容易被风吹蚀，属于易蚀性颗粒。通过方差分析和线性回归分析，得到风蚀量（Q）与粒径（D）和风速（V）的线性回归方程 $Q=1.590V-3.351D-2.467$，$r=0.985$。

风蚀量随泥沙含水率的增大而减小的过程中，在低含水率阶段，风蚀量随含水率的增加而减小，减小的趋势十分明显，至沙样极限含水率时，风蚀量的减小变得不明显，2%的含水率可能是抵御风蚀能力从弱到强的转折点。对于一定粒径范围的沙粒，风蚀量（Q）与含水率（M）的函数关系式为 $Q=b_0M_1^b$。在一定风速条件下，当含水率从1%增加到2%时，风蚀量会急剧减小，粒径越大的沙样对含水率要更敏感一些，在低含水率阶段随着含水率的增加，粗大颗粒的风蚀量变化比细小颗粒大。在不同粒径和含水率条件下，通过方差分析和线性回归分析，得到风蚀量（Q）与粒径（D）和含水率（M）的线性回归方程 $Q=-9.52D-296.121M+19.71$，$r=0.92$。通过方差分析和线性回归分析，得到风蚀量（Q）与粒径（D）、风速（V）和含水率（M）的线性回归方程 $Q=0.698V-9.668D-310.967M+9.035$，$r=0.90$。

9.1.5 辽河干流输沙水量计算与分析

应用含沙量法、河道水沙资料法、净水量法和能量法4种方法对辽河干流输沙水量从不同角度进行了分析与计算，明确了辽河干流输沙水量计算所需考虑的主要问题。选择应用净水量法计算了辽河干流从上至下不同河段输沙水量问题，净水量法研究结果表明以下几点。

①通江口、铁岭、马虎山平安堡和六间房水文站1988—2010年多年平均汛期单位输沙水量分别为935.5m³/t、776.4m³/t、1 870.6m³/t、1 001.5m³/t和1 099.1m³/t，非汛期输沙水量分别为2 970.6m³/t、1 984.2m³/t、5 140.8m³/t、907.7m³/t和2 830.7m³/t，年输沙水量分别为772.1m³/t、899.9m³/t、2 551.5m³/t、809.5m³/t和1 310.9m³/t。

②1988—2010年辽河下游各站汛期、非汛期、全年的单位输沙水量随时间呈现增大的趋势，尤其是2002年之后增加幅度更明显。

③辽河下游不同时间段单位输沙水量沿程变化较小，汛期、非汛期和全年单位输沙水量均呈现微弱增大趋势。

④各站汛期、非汛期、全年单位输沙水量与福德店站汛期平均流量呈对数关系；输沙水量随着平均流量和来沙系数的增大而减小，随着含沙量的增大而增大。

⑤福德店站汛期平均含沙量小于4kg/m³或者来沙系数小于0.15时，单位输沙水量取值范围更小，点群更集中。平均含沙量大于40kg/m³时各站汛期输沙水量较为稳定，数值约为450m³/t。

9.1.6 辽河干流输沙用水高效应用分析

通过对辽河干流水沙关系、不同条件下输沙水量研究成果，提出了应充分利用冬三月水量对河道沉积大颗粒泥沙进行输送，充分利用平滩流量输沙并通过改造河道形态创造平滩流量发生条件进行高效输沙，以及通过水库等水利枢纽工程进行全流域水量综合调配，以实现输沙用水高效利用的目的。

9.1.7 不同粒径泥沙沉积与输沙用水分析

对泥沙颗粒分析表明，<0.01mm与0.01～0.025mm泥沙粒径组淤积量分别为泥沙沉积的12.78%和12.51%，0.007～0.01mm和0.25～0.5mm粒径组泥沙冲淤平衡状态，0.025～0.05mm和0.05～0.1mm泥沙粒径组对泥沙沉积贡献最大，达到河段淤积量的一半以上，因此，0.025～0.1mm泥沙粒径组是下游河道泥沙沉积的主要成分。对输沙

水量影响较大的粒径组，主要集中在 0.01 ~ 0.1mm 泥沙，此区间泥沙占到了全沙的 68.13%，当泥沙粒径 > 0.025mm 时，输沙水量开始出现减小趋势。0.007 ~ 0.01mm、0.1 ~ 0.25mm、0.25 ~ 0.5mm 粒径组泥沙变化趋势也很明显，但是，所占全沙比重较小，3 组粒径组泥沙总共占全沙比重的 13.33%，因此，变化对输沙水量影响不及 0.01 ~ 0.1mm 粒径组泥沙。最后计算了 5 个水文站河段每吨来沙所需输沙水量。

9.2 主要创新点

9.2.1 研究思路的创新性

以往对辽河干流水资源问题研究较少考虑到泥沙作为水资源主要污染源的同时，又需要消耗大量水资源将其输出干流，而对输沙所需水量在辽河干流研究较少。本研究对辽河干流水资源开发利用思维拓展，输沙用水的科学确定具有重要的创新价值。论文在输沙水量的框架下进行辽河干流 4 种计算方法的比较研究，避免了对输沙水量计算过程中的片面性理解，对水沙过程的揭示更为直观，也更为全面、深刻。

以往有关输沙水量研究中基本都是考虑全沙输沙需水量问题，很少考虑到不同粒径泥沙输沙需水量不同问题，本研究以不同粒径泥沙输移需水量研究为核心，在研究思路与内容上具有很好的创新价值。论文中对于以河流泥沙颗粒反映不同河段输沙径流的输沙过程与输沙能力，对于不同粒级泥沙所需输沙水量不同的分析与研究思路，在国际上相关研究中也处于探索阶段，论文以此为创新思路之一，进行了一定的探索。

另外，论文的研究体现出了风、水、泥沙三者之间的关系，研究思路更符合辽河干流泥沙的存在与输移形式。同时，论文的研究坚持宏观与微观研究相结合，理论与实践研究相结合的总体思路，根据研究区历史研究资料缺乏、许多研究均为空白点的特点，更多地注重实地调查与水文站观测资料的收集与整理相结合。此种研究思路虽无重要创新之处，但对于其他基础研究薄弱的地区而言，具有一定的参考意义。

9.2.2 区域研究的创新性

我国输沙水量的基础性研究多集中于黄河流域，对于辽河流域相关基础性研究的投入、设施、成果均较少，大部分关于该区的少量相关报道基本为对水沙特征、洪水灾害的探讨。而辽河流域的水资源紧缺又具有一定的复杂特点，对于辽河干流有限的水资源用于工农业生产、生态需水，以及输沙需水是否需要考虑预留输沙水量的研究等产生了诸多争议，本研究将为辽河干流水资源的合理应用提供重要的理论基础，对该区许多富有争议问题的回答及输沙水量的基础性研究都具有一定的创新与实践意义。

9.3 有待深入研究的问题

根据目前对论文研究的体会，认为下一步有待深入研究的问题主要有以下几个方面。

①由于辽河流域输沙水量研究基础薄弱，前期工作较少，与输沙水量研究相关的实地研究较少，且不成系统，限制了对研究内容的深入分析。目前，论文虽然考虑到了河流悬移质泥沙与径流之间的水沙关系，对辽河干流推移质泥沙进行了推算，对干流河床泥沙进行了采样分析，但河流悬移质、推移质和床沙之间随降雨径流条件变化，不同性质泥沙也会发生变化，本研究未对 3 种性质泥沙的交换等问题进行深入研究，也限制了对输沙水量研究的深度，以上问题有待于进一步解决。

②本研究虽然提出了应用天然降雨径流、水库、拦河水利枢纽工程等进行辽河干流输沙水量调配问题，但实践工作中既要考虑输沙用水，还需考虑到工农业用水、生态用水等问题，辽河干流水量调配问题应是在综合考虑上述诸多用水情况下制定实施的，而不能只考虑输沙用水问题，相关问题还有待深入研究。

③本研究虽然考虑到了风、水、沙三者之间的复杂关系，但对于滩地水蚀泥沙的风蚀研究还仅限于模拟研究阶段，缺少现场观测。另外，风、水、沙之间的关系尚属世界性研究难题，本研究对其考虑深度仍十分有限，有待于进一步深入探索。

参考文献

[1] Anthony J P, Athol D A, Luk S H. Size characteristics of sediment in interrill overland flow on a semiarid hillslope, southern Arizona. Earth Surface Processes and Landforms, 1991, 16: 143 ~ 152

[2] Anton V R, Paolo B, Robert J A J, et al. Modeling sediment yields in Italian catchments. Geomorphology, 2005, 65: 157 ~ 169

[3] Bullard J E, Livingstone I. Interactions between aeolian and fluvial systems in dryland environments. Area, 2002, 34: 8 ~ 16

[4] Clark R A, Claudi V. Modern sedimentary processes in the Santa Monica, California continental margin: sediment accumulation, mixing and budget. Marine environmental research, 2003, 56: 177 ~ 204

[5] Deizman M M, Mostaghimi S, Shanholtz V O, et al. Size Distribution of eroded sediment from two tillage systems. Transactions of the ASAE, 1987, 30 (6): 1642 ~ 1647

[6] Duan X H, Wang Z Y, Xu M Z. Effects of fluvial processes and human activities on stream macroinvertebrates. Int J Sed Res, 2011, 26 (4): 416 ~ 430

[7] Evans J K, Gottgens J F, Gill W M, et al.. Sediment yields controlled by intrabasin storage and sediment conveyance over the interval 1842 ~ 1994: Chagrin River, Northeast Ohio, USA. J. Soil Water Conservation, 2000, 55 (3): 264 ~ 270

[8] Farenhorst A, Bryan R B. Particle size distribution of sediment transported by shallow flow. Catena, 1995, 25: 47 ~ 62

[9] Farouk E B. Satellite observations of the interplay between wind and water processes in the Great Sahara. Photogrammetric Engineering and Remote Sensing, 2000, 66: 777 ~ 782

[10] Fontaine T A, MooreT D, Burgoa B. Distributions of contaminant concentration and particle size in fluvial sediment. Water. Research., 2000, 34 (13): 3473 ~ 3477

[11] Fryrear D W. Siol ridge-clods and wind erosion. Trans. ASAE. 1999, 27 (2): 445 ~ 448

[12] Geraldene W, Brian K, Nives O, et al. Interactions between sediments and water: perspectiveson the 12th International Association for Sediment WaterScience Symposium. J Soils Sediments, 2012, 12: 1497 ~ 1500

[13] Giorgio A B. A distributed approach for sediment yield evaluation in Alpine regions. Journal of Hydrology, 1997, 197: 370 ~ 392

[14] Glenn S M, Mark G M. The impact of recent climate change on flooding and sediment supply within a Mediterranean mountain catchment, southwestern Crete, Greece. Earth surface processes and landforms, 2002, 27: 1087 ~ 1105

[15] Grabowski R C, Wharton G, Davies G R, et al. Spatial andtemporal variations in the erosion threshold of fine river bed sediments. J Soils Sediments, 2012, 12: 1174 ~ 1188

[16] Hagen L J. A wind erosion prediction system: Concepts to meet user needs. Joural of soil and water conserration, 1989, 46 (2): 106 ~ 111

[17] Harrison J B. Late Pleistocene Aeolian and fluvial interactions in the development of Nisssan dune field Negev Desert Israel. Sedimentology, 1998, 45: 507 ~ 518

[18] Heye R B, Bernd D. Modelling solute and sediment transport at different spatial and temporal scales. Earth Surface Processes and Landforms, 2002, 27: 1475 ~ 1489

[19] Jack L. Quantifying recent erosion and sediment delivery using probability sampling: a case study. Earth surface processes and landforms, 2002, 27: 559 ~ 572

[20] Jolanta S. Linkage of slope wash and sediment and solute export from a foothill catchment in the Carpathian foofhills of south Poland. Earth Surface Processes and Landforms, 2002, 27: 1389 ~ 1413

[21] Jonathan D P. Fluvial sediment budgets in the North Carolina Piedmont. Geomorphology, 1991, 4: 231 ~ 241

[22] Jonathan D P. Sediment storage, sediment yield, and time scales in landscape denudation studies. Geographical Analysis, 1986, 102: 161 ~ 167

[23] Jonathan P. Alluvial storage and the long-term stability of sediment yields . Basin research, 2003, 15: 153 ~ 163

[24] Katerina M, John W. Modelling the effects of hillslope channel coupling on catchment hydrologicalresponse. Earth Surface Processes and Landforms, 2002, 27: 1441 ~ 1462

[25] Kerin A, Petticrew E, Udelhoven T. The use of fine sediment fractal dimensions and colour to determine sediment sources in a small watershed. Catena, 2003, 53: 165 ~ 179

[26] Kirkby M J. The stream head as a significant geomorphic threshold. Department of Geography. University of Leeds Working Paper, 1978: 216

[27] Lang A, Honscheidt S. Age and source of colluvial sediment at Vaihingen-Enz, Germany. Catena, 1999, 38 (2): 89 ~ 107

[28] Lawler D M, West J R, Couperthwaite J S, et al. Application of a Novel automatic erosion and deposition monitoring system at a channel bank site on the tidal riverTrent. U. K. Estuarin, Coastal and Shelf Science, 2001, 53: 237 ~ 247

[29] Li G Y, Sheng L X. Model of water-sediment regulation in Yellow River and its effect. Sci China. Tech Sci, 2011, 54 (4): 924 ~ 930

[30] Margareta B J. Determining sediment source areas in a tropical river basin, Costa Rica. Catena, 2002, 47: 63 ~ 84

[31] Martin Y E, Church M. Bed material transport estimated from channel surveys: Vedder River, British Columbia. Earth Surface Processes and Landforms, 1995, 20: 347 - 361

[32] Matthias H. Late Quatermary denudation of the Alps, valley and lake fillings and modern river loads. Geodinamica Acta, 2001, 14: 231 ~ 263

[33] McDowell R W, Sharpley A N, Folmar G. Modification of phosphorus export from an eastern USA catchment by fluvial sediment and phosphorus inputs. Agricultural, Ecosystems and Environment, 2003, 99: 187 ~ 199

[34] McLean D G, Church M. Sediment transport along lower Fraser River: Estimates based on the long-term gravel budget. Water Resources Research, 1999, 35 (8): 2549 ~ 2559

[35] Meyer L D, Harmon W C, McDowell L L. Sediment sizes eroded from crop row side slopes. Transactions of the ASAE, 1980, 23 (3): 891 ~ 898

[36] Meyer L D, Line D E, Harmon W C. Size characteristics of sediment from agricultural soils. Soil and Water Conservation, 1992, 47 (1): 107 ~ 111

[37] Michael C. S, Paul A G, Jonathan D. Phillips. Slope-Channel Linkage and Sediment Delivery on North Carolina Coastal Plain Cropland . Earth Surface Processes and Landforms, 2002, 27: 1377 ~ 1387

[38] Michael C S, Timothy P B. Particle size characteristics of suspended sediment in hillslope runoff and stream flow . Earth surface processes and landforms, 1997, 22: 705 ~ 719

[39] Michael J S, Isaac S. Mineral soil surface crusts and wind and water erosion. Earth Surface Processes and Landforms, 2004, 29: 1065 ~ 1075

[40] Milliman J D, Meade R H. Worldwide delivery of river sediment to the ocean. Journal of Geology, 1983, 9: 11 ~ 21

[41] Pasak V. Wind erosion on soils. VUM zbraslaav, 1973, 201: 380 ~ 385

[42] Philip N. O, Walling D E. Change in sediment sources and floodplain deposition rates in the catchment of the river Tweed, Scotland, over the last 100 years: the impact of climate and land use change. Earth surface processes and landforms, 2002, 27: 403 ~ 423

[43] Reid I, Frostick L E. Fluvial sediment transport and deposition, Sediment Transport and Depositional Processes, in Pye, K. , ed. , Blackwell Scientific Publications, Oxford, 1994: 89 ~ 155

[44] Reis I, Frostick L E. Flow dynamics and suspended sediment properties in arid ~ zone flash floods. Hydrological Processes, 1987, 1 (3): 239 ~ 253

[45] Richard H, Richard C, Jemma W, et al. Suspended sediment fluxes in a high-Arctic glacierised catchment: implications for fluvial sediment storage. Sedimentary geology, 2003, 162: 105 ~ 117

[46] Roberts R G, Church M. The sediment budget in severely disturbed watersheds, Queen Charlotte Ranges, British Columbia. Can. J. Forest Res. , 1986, 16 (5): 1092 ~ 1106

[47] Ross A S, Rorke B B. Sediment budgeting: a case study in the Katiorin drainage basin, Kenya. Earth surface processes and landforms, 1991, 16: 383 ~ 398

[48] Rovira A, Batalla R J, Sala M. Fluvial sediment budget of a Mediterranean river: the lower Tordera (Catalan Coastal Ranges, NE Spain) . Catena, 2005, 60: 19 ~ 42

[49] Schick A P, Lekach J. An evaluation of two ten-year sediment budgets, Nahal Yael, Israel. Physical. Geography, 1993, 14 (3): 225 ~ 238.

[50] Simon J W, Trevor B H, Alan W. Quantitative determination of the activity of within-reach sediment storage in a small gravel-bed river using transit time and response time. Geomorphology, 1997, 20: 113 ~ 134

[51] Skidmore E L, Tatark J. Stochastic wind simuiation for erosion modeling. Trans ASAE, 1991. 33: 1893 ~ 1899

[52] Slattery M C, Burt T P. Particle size characteristics of suspended sediment in hillslope runoff and stream flow. Earth Surface Processes and Landforms, 1997, 22: 705 ~ 719

[53] Smith B P G, Naden P S, Leeks G J L, et al. The influence of storm events on fine sediment transport, erosion and deposition within a reach of the River Swale, Yorkshire, UK. The Science of the Total Environment, 2003: 314, 316, 451 ~ 474

[54] Stone P M, Walling D E. Particle size selectivity considerations in suspended sediment budget investigations. Water Air Soil Pollution, 1997, 99: 63 ~ 70

[55] Sutherland R A, Bryan R B. Variability of particle size characteristics of sheetwash sediment in a small semiarid catchments, Kenya. Catena, 1989, 16: 189 ~ 204

[56] Tena A, Batalla R J, Vericat D, et al. Suspended sediment dynamics in a large regulated river over a 10-year period (the lower Ebro, NE Iberian Peninsula) . Geomorphology, 2011, 125: 73 ~ 84

[57] Trimble S W. A sediment budget for Coon Creek, the driftless area, Wisconsin, 1853—1977. Am. J. Science, 1983, 283: 454 ~ 474

[58] Udelhoven T, Nagel A, Gasparini F. Sediment and suspended particle interactions during low water flow in small heterogeneous catchments. Catena, 1997, 30: 135 ~ 147

[59] Wall G J, Wilding L P. Mineralogy and related parameters of fluvial suspended sediments in northwestern Ohio. Journal of Environmental Quality, 1976, 5 (2): 168 ~ 173

[60] Walling D E. Human impact on the sediment loads of Asian rivers. In: Sediment Problems and Sediment Management in Asian River Basins. IAHS Publ, 2011, 349: 37 ~ 51

[61] Walling D E. , Moorehead P W. The particle size characteristics of fluvial sediment: an overview. Hydrobiologia, 1989: 176, 177, 125 ~ 149

[62] Walling D E. , Owens P. N. , Waterfall B. D. , et al. The particle size characteristics of

fluvial suspended sediment in the Humber and Tweed catchments, UK. The Science of the Total Environment, 2000: 251, 252, 205 ~ 222

[63] Walllng D E. The sediment delivery problem. Journal of Hydrology, 1983, 65: 209 ~ 237

[64] Woodruff N P, Siddoway F H. A wind erosion equation. Soil Sei. Soc. Am. Proc. 1965, 29 (5): 602 ~ 608

[65] Xu J X, Cheng D S. Relation between the erosion and sedimentation zones in the Yellow River, China. Geomorphology, 2003, 48: 365 ~ 382.

[66] Xu J X. Grain-size characteristics of suspended sediment in the Yellow River, China. Catena, 1999, 38: 243 ~ 263

[67] Xu J X. Implication of relationships among suspended sediment size, water discharge and suspended sediment concentration; the Yellow River basin, China. Catena, 2002, 49: 289 ~ 307

[68] Young R A. Characteristics of eroded sediment. Transactions of the ASAE, 1980, 23 (5): 1139 ~ 1142, 1146

[69] Yu G Q, Li Z B, Zhang X, Li P, et al. Effects of vegetation types on hillslope runoff-erosion and sediment yield. Advances in Water Science, 2010, 23 (4): 593 ~ 599

[70] Zobeck T M. Soil Properties Affecting W ind Erosion. Journal of Soil and Water Conservation, 1991, 46 (2): 112 ~ 118

[71] Zuo S H, Zhang N C, Li B, et al. A study of suspended sediment concentration in Yangshan deep-water port in Shanghai, China. Int J Sed Res, 2012, 27 (1): 50 ~ 60

[72] 白占国．黄土高原沟谷侵蚀速率研究——以洛川黄土源区为例．水土保持研究，1994，1(5)：22 ~ 30

[73] 包为民．小流域水沙耦合模拟概念模型．地理研究，1995，14(2)：27 ~ 34

[74] 蔡强国，王贵平，陈永宗．黄土高原小流域侵蚀产沙过程与模拟．北京：科学出版社．1998

[75] 柴晓利，何兴梅，尚春旭，等．减少石佛寺水库泥沙淤积的非工程措施．东北水利水电，2012(2)：53 ~ 54，61

[76] 柴晓利．石佛寺水库低水位蓄水带来的泥沙淤积问题．东北水利水电．2012(6)：66 ~ 67

[77] 常炳炎，薛松贵，张会言，等．黄河流域水资源合理分配和优化调度．郑州：黄河水利出版社，1998

[78] 陈浩，王开章．黄河中游小流域坡沟侵蚀关系研究．地理研究，1999，18(4)：363 ~ 372

[79] 党连文．辽河流域水资源综合规划概要．中国水利，2011(23)：101 ~ 104

[80] 董治宝，钱广强．关于土壤水分对风蚀起动风速影响研究的现状与问题．土壤学报，2007，44(5)：934 ~ 942

[81] 范小黎，师长兴，邵文伟，等．近期渭河下游河道冲淤演变研究．泥沙研究，

2013(1)：20～26
[82] 高进．河流沙洲发育的理论分析．水利学报，1999(6)：66～70
[83] 高科，任于幽，郑明军，等．科尔沁沙地风、水侵蚀原因及其动态研究．水土保持研究，2001，8(1)：110～115
[84] 高素丽．辽河流域河道生态工程建设方案．水土保持应用技术，2011(6)：35～38
[85] 高学田，唐克丽．风蚀水蚀交错带侵蚀能量特征．水土保持通报，1996，16(3)：27～31
[86] 韩宇舟，何俊仕．辽河干流区水资源承载力综合评价．中国农村水利水电，2010(6)：47～49，53
[87] 韩云霞．辽河下游河道泥沙特点及中水河槽治理探讨．东北水利水电，2001，19(10)：28～29
[88] 何俊仕，郭铭，韩宇舟．辽河干流多水库联合生态调度研究．武汉大学学报(工学版)，2009，42(6)：731～733
[89] 和继军，唐泽军，蔡强国．内蒙古农牧交错区农耕地土壤风蚀规律的风洞试验研究．水土保持学报，2010(4)：35～39
[90] 胡海华，吉祖稳，曹文洪，等．风蚀水蚀交错区小流域的风沙输移特性及其影响因素．水土保持学报，2006，20(5)：20～23，47
[91] 胡江，杨胜发，王兴奎．三峡水库2003年蓄水以来库区干流泥沙淤积初步分析．泥沙研究，2013(1)：39～44
[92] 黄方，刘湘南．辽河中下游流域土地利用变化及其生态环境效应．水土保持通报，2004，24(6)：18～21
[93] 黄诗峰，钟邵南，徐美．基于GIS的流域土壤侵蚀量估算指标模型方法——以嘉陵江上游西汉水流为例．水土保持学报，2001，15(2)：105～107
[94] 黄武林．辽河干流铁岭以上段橡胶坝与滩地生态蓄水工程设计．广西水利水电，2012(2)：37～40
[95] 姜英震，赵福．辽宁省辽河保护区辽河河流功能转变探讨．华北水利水电学院学报（社会科学版)，2012，28(3)：11～13
[96] 蒋德麒，赵诚信，陈章霖．黄河中游小流域经流泥沙来源初步研究．地理学报，1966(1)：20～35
[97] 靳长兴．论坡面侵蚀的临界坡度．地理学报，1995，50(3)：234～239
[98] 康萍萍，周林飞，李波，等．辽河干流河道生态需水量研究．水资源保护，2011，27(3)：11～15
[99] 孔亚平，张科利，唐克丽．坡长对侵蚀产沙过程影响的模拟研究．水土保持学报，2001，15(2)：17～20，24
[100] 李闯．辽河下游河道冲淤与河道治理研究．中华建筑，2008(11)：61～62
[101] 李勉，李占斌，刘普灵，等．黄土高原水蚀风蚀交错带土壤侵蚀坡向分异特征．水土保持学报，2004，18(1)：63～65
[102] 梁文章，柴晓利，曹炜伦．石佛寺水库2010720暴雨洪水分析．东北水利水电，

2011(3)：49~50
［103］辽宁省水利厅．辽宁省水资源．沈阳：辽宁科学技术出版社，2006
［104］林秀芝，姜乃迁，梁志勇，等．渭河下游输沙用水量研究．郑州：黄河水利出版社，2005
［105］刘小勇，李天宏，赵业安，等．黄河下游河道输沙用水量研究．应用基础与工程科学学报，2002，10(3)：253~262
［106］刘晓燕，申冠卿，李小平，等．维持黄河下游主槽平滩流量4 000m^3/s所需水量．水利学报，2007，38(9)：1140~1144
［107］刘雅萍，杨祎．辽河干流河道冲淤分析．东北水利水电，2008，26(285)：49~51
［108］刘燕，江恩惠，赵连军，等．黄河与辽河河道整治对比分析．人民黄河，2010，32(3)：23~24，28
［109］齐璞，刘月兰，李世滢，等．黄河水沙变化与下游河道减淤措施．郑州：黄河水利出版社，1997
［110］钱宁，张仁，赵业安，等．从黄河下游河床演变规律来看河道治理中的调水调沙问题．地理学报，1978，33(1)：13~24
［111］钱意颖，叶青超，曾庆华．黄河干流水沙变化与河床演变．北京：中国建材工业出版社，1993
［112］申冠卿，张原锋，曲少军．从水动力量化指标谈黄河水沙的协调性配置．泥沙研究，2012(6)：33~38
［113］石辉，田均良，刘普灵．小流域坡沟侵蚀关系的模拟试验研究．土壤侵蚀与水土保持学报，1997，3(1)：30~33
［114］石伟，王光谦．黄河下游最经济输沙水量及其估算．泥沙研究，2003(5)：32~36
［115］史红玲，胡春宏，王延贵，等．松花江干流河道演变与维持河道稳定的需水量研究．水利学报，2007，38(4)：473~480
［116］史培军，王静爱．论风水两相作用地貌的特征及其发育过程．内蒙古林学院学报，1986(2)：49~56
［117］宋玉亮，郭成久，范昊明，等．大凌河中下游泥沙颗粒特征分析．人民黄河，2010，32(2)：42~43，48
［118］苏飞，陈敏建，董增川，等．辽河河道最小生态流量研究．河海大学学报（自然科学版），2006，34(2)：136~139
［119］孙桂喜．河道清淤疏浚必要性探析．东北水利水电，2010(9)：53~54
［120］孙杰明．柳河流域来沙与产沙分析．科技创新导报，2010(7)：222
［121］汤金顶，潘桂娥，王立强．辽河下游（柳河口至盘山闸段）河床演变初探．泥沙研究，2003(5)：59~63
［122］唐克丽．黄土高原水蚀风蚀交错区治理的重要性与紧迫性．中国水土保持，2000(11)：11~12，17

[123] 田均良．侵蚀泥沙坡面沉积研究初报．水土保持研究，1997，4(2)：57～63
[124] 田世民，刘月兰，张晓华，等．黄河下游不同流量级洪水冲淤特性的计算与分析．泥沙研究，2012(4)：69～75
[125] 王兵，张晓红，何宝珠．辽河流域水文特性浅析．东北水利水电，2002，20(2)：22～24
[126] 王党伟，陈建国，吉祖稳，等．黄河下游河道滞沙条件及滞沙空间研究．泥沙研究，2012(5)：26～32
[127] 王福林，牛宝昌．河道清淤疏浚是解决辽河干流防洪的重要工程措施．东北水利水电，2001，19(4)：29～31
[128] 王士强．黄河泥沙冲淤数学模型研究．水科学进展，1996，7(3)：193～199
[129] 王晓．"粒度分析法"在小流域泥沙来源研究中的应用．水土保持研究，2002，9(3)：42～43
[130] 王治国，段喜明，魏忠义，等．黄土残塬区人工降雨条件下坡耕地水蚀研究—Ⅱ. 以积水为依据的细沟分类及其侵蚀．土壤侵蚀与水土保持学报，1998，4(2)：8～15
[131] 温会军．辽河干流橡胶坝联合调度方案编制方法．现代农业科技，2012(9)：274，276
[132] 吴保生，李凌云，张原锋．维持黄河下游主槽不萎缩的塑槽需水量．水利学报，2011，42 (12)：1392～1397
[133] 吴保生，张原锋．黄河下游输沙量的沿程变化规律和计算方法．泥沙研究，2007(1)：30～35
[134] 吴保生，郑珊，李凌云．黄河下游塑槽输沙需水量计算方法．水利学报，2012，43(5)：594～601
[135] 谢功生，汪世伦．关于辽河中下游河道演变及整治的探讨．水利管理技术，1997，17(6)：50～53
[136] 徐建华，李雪梅，张培德，等．黄河粗泥沙界限与中游多沙粗沙区区域研究．泥沙研究，1998(4)：36～46
[137] 许炯心，孙季．长江上游重点产沙区产沙量对人类活动的响应．地理科学，2007，27(2)：211～218
[138] 许炯心．风水两相作用对黄河流域高含沙水流的影响．中国科学，D辑，2005，35(9)：899～906
[139] 许炯心．黄河上中游产水产沙系统与下游河道沉积系统的耦合关系．地理学报，1997，52(5)：421～429
[140] 许炯心．黄河中游多沙粗沙区的风水两相侵蚀产沙过程．中国科学，D辑，2000，30(5)：540～548
[141] 严军，胡春宏．黄河下游河道输沙水量的计算方法及应用．泥沙研究，2004(4)：25～32
[142] 严军，申红彬，王俊，等．用泥沙输移公式推求黄河下游河道输沙水量．人民黄河，2009，31(2)：25～26

[143] 杨丰丽，陈雄波，梁志勇．塑槽输沙用水量计算方法研究．人民黄河，2010，32(6)：24～26
[144] 杨丽丰，王煜，陈雄波，等．渭河下游输沙用水量研究．泥沙研究，2007(3)：24～29
[145] 杨明义，田均良，刘普灵．应用137Cs研究小流域泥沙来源．土壤侵蚀与水土保持学报，1999，5(3)：49～53
[146] 岳德军，侯素珍，赵业安，等．黄河下游输沙水量研究．人民黄河，1996，18(8)：32～33
[147] 张仓平．水蚀风蚀交错带水风两相侵蚀时空特征研究—以神木六道沟小流域为例．水土保持学报，1999，5(3)：93～96
[148] 张翠萍，伊晓燕，张超．渭河下游河道输沙水量初步分析．泥沙研究，2007(1)：63～66
[149] 张静，何俊仕．辽河流域径流序列特性分析．中国农村水利水电，2011(4)：10～13
[150] 张科利，钟德钰．黄土坡面沟蚀发生机理的水动力学试验研究．泥沙研究，1998(3)：74～80
[151] 张平仓，唐克丽．皇甫川流域泥沙来源及其数量分析．水土保持学报，1990，4(4)：29～36
[152] 张小光．辽河流域生态环境综合评价．中国科技信息，2011(9)：45～46
[153] 张信宝，文安邦．长江上游干流和支流河流泥沙近期变化及其原因．水利学报，2002(4)：56～59
[154] 张燕菁，胡春宏，王延贵，等．辽河干流河道演变与维持河道稳定的输沙水量研究．水利学报，2007，38(2)：176～181
[155] 张原锋，申冠卿．黄河下游维持主槽不萎缩的输沙需水研究．泥沙研究，2009(3)：8～12
[156] 赵若雨，赵直，林岚．辽河下游泥沙治理措施初探．东北水利水电，2008，26(293)：17～18
[157] 郑粉莉．坡面降雨侵蚀和径流侵蚀研究．水土保持通报，1998，18(6)：17～21
[158] 邹亚荣，张增祥，王长有，等．中国风水侵蚀交错区分布特征分析．干旱区研究，2003，20(1)：67～71